**Cet ouvrage a été conçu à l'initiative du CPIE du Haut-Doubs pour l'Union régionale des CPIE de Franche-Comté**

# les poissons amphibiens et reptiles

*de la montagne jurassienne*

Ce livre n'aurait jamais vu le jour sans la participation des naturalistes qui transmettent leurs observations aux centrales de données telles que celles du KARCH (Centre de coordination pour la protection des amphibiens et des reptiles de Suisse), du Groupe naturaliste de Franche-Comté, du Réseau d'observation de la faune vertébrée et du Centre ornithologique Rhône-Alpes.

Photos de couverture : brochet, ©Christian BRY - salamandre tachetée, ©François SCHWAAB - vipère aspic, ©Didier PÉPIN


**Auteurs**
Poissons :
Jean-Paul VERGON
Jean-Pierre HÉROLD

Amphibiens et reptiles :
Emmanuelle CRANEY
Hugues PINSTON

**Coordination générale**
Max ANDRÉ
Dominique MICHELAT
Didier PÉPIN (coordination photographique)

**Coordination de la collection et suivi éditorial**
Benoît DEBOSKRE
(CPIE du Haut-Doubs)

**Itinéraires proposés et réalisés par**
CPIE du Haut-Doubs :
Olivier BLANCHARD
CPIE du Pays-de-Seyssel :
Christine GARIN
CPIE du Haut-Jura :
Christine LE PENNEC
en collaboration
avec Emmanuelle CRANEY
Jean-Pierre HÉROLD
Hugues PINSTON
Jean-Paul VERGON

**Crédits photographiques**
Max ANDRÉ
Pierre BICHET
Olivier BLANCHARD
Christian BRY
Henry CARMIÉ/CSP
Emmanuelle CRANEY
Sylvain DERNIER/CSP
Jean-Claude DRUART
Ludovic FAURON/CSP
Catherine GARIN
Claude LEMMEL
Christine LE PENNEC
Jean-Philippe MACCHIONI
Jean-Marc MOINGEON
Didier PÉPIN
Hugues PINSTON
Michaël PROCHÀZKA
Jean-Noël RESCH
Jean-Claude RIOT
François SCHWAAB
Erick VIGNEUX

**Remerciements**
Jean ALLARDI
Association Aqua-Nature – 35760 Saint-Grégoire
Vincent BICHET
Bernard BUTTICKER
Michel COTTET
Pierre CROUZIER
Gottlieb DANDLIKER
François DEGIORGI
Guy DURAND
Arthur FIECHTER
Kurt GROSSENBACHER
Daniel HEFTI
Marcel JACQUAT
Jean-Philippe MACCHIONI
Jean-Marie MICHELAT
Christian MONNERET
Jean-Claude MONNEY
Marc MONTADERT
Alain MOUSTACHE
Jean-Christophe NOËL
Guy PERIAT
Michaël PROCHÀZKA
Jean-Claude RIOT
Jean-Louis ROLANDEZ (+)
Marcel TSCHAN

**Révision**
Pascale JEANPIERRE
Dominique MOYSE
Véronique NICOD

**Illustrations**
Aquarelles :
Sophie GRUX GRAPPE
Dessin de 3e de couverture :
Alain MOUSTACHE

**Conception graphique**
Bing Bang Communication

**Photogravure**
Néo-Typo •
Achevé d'imprimer en juillet 2005 par les éditions Néo-Typo à Besançon - France

**Dépôt légal**
juillet 2005

# Sommaire

Les poissons, les amphibiens et les reptiles de l'arc jurassien, du côté suisse comme du côté français, sont présentés dans ce beau livre, qui complète la collection des ouvrages déjà consacrés à sa flore, à ses champignons, à ses oiseaux et, tout récemment, à ses mammifères.

Ils évoquent la fraîcheur et l'humidité, ainsi que, pour certains reptiles, leur envers, l'aridité. Ils forment à cet égard un ensemble faunistique hautement révélateur de la richesse naturelle et du fort caractère des territoires qu'ils peuplent. La présence des plus rares et des plus fragiles révèle la richesse et la qualité – la biodiversité (terme qui devient une référence pour la cohésion des sociétés humaines) – de nos milieux naturels aquatiques et terrestres. Les eaux vives des hauts massifs et des vallées encaissées, ou des plaines alluviales, sont accompagnées d'un imposant cortège de zones humides adjacentes et de plans d'eau, depuis les lacs les plus vastes et les plus profonds jusqu'aux étangs et mares, témoins, à des degrés divers, de l'action ancienne des glaciers.

Le présent ouvrage a l'ambition de vous inviter, que vous soyez d'ici ou seulement visiteur, au cheminement de la connaissance et à une réflexion sur la complexité de la vie, ainsi que sur l'usage des ressources naturelles, qui ne peut être que partagé, parce qu'elles n'appartiennent jamais à un seul groupe d'acteurs ou d'enjeux.

Vous découvrirez, je pense avec joie, trente-deux espèces de poissons, dont trois espèces emblématiques, la truite autochtone de souche méditerranéenne, l'ombre commun et le corégone, espèce témoin d'échange franco-suisse (la souche présente dans les lacs jurassiens est originaire du lac de Neuchâtel).
Vous reconnaîtrez ou prendrez contact avec douze espèces d'amphibiens et douze espèces de reptiles, parmi lesquelles la vipère péliade, fleuron des zones humides d'altitude.

Dans leur vie et leurs mystères, ils sont au moins aussi savoureux que certains d'entre eux dans votre assiette, avec des arômes jurassiens tout aussi prononcés.

André BACHOC
Directeur régional de l'Environnement de Franche-Comté

Un froissement d'herbes sèches, c'est un lézard ou un autre reptile qui se dérobe à notre approche. Un léger nuage de boue dans l'eau d'une fondrière en forêt, et c'est un triton qui s'éloigne. Un remous à la surface de l'eau, c'est bien souvent un poisson qui fuit avant même que l'on ait soupçonné sa présence.

La plupart des animaux présentés dans ce beau livre mènent une existence discrète. Leur rencontre est le plus souvent furtive et ils échappent généralement à l'œil du public.

Pour leur malheur, les poissons ne sont guère connus que de leurs prédateurs bipèdes. Quant aux grenouilles, leurs cuisses sont appréciées des gourmets après que les pauvres bêtes ont terminé leur existence dans ces pièges appelés pudiquement « élevages à grenouilles », alors que leurs effectifs sont déjà considérablement affectés par les assèchements des zones humides.

Le grand public réserve souvent sa tendresse aux oiseaux et aux grands herbivores. En revanche, les humbles créatures qui nous intéressent ici rencontrent au mieux de l'indifférence. Elles sont souvent victimes des mêmes préjugés que les mammifères prédateurs. La culture populaire, riche de légendes et de phobies transmises par la tradition orale, en témoigne.

La grande originalité des êtres vivants présentés ici est qu'il s'agit d'animaux à température variable. Ils sont donc soumis plus que d'autres aux contraintes de leur environnement et sont par conséquent plus vulnérables à ses modifications, qu'elles soient d'origine naturelle ou anthropique.

Ne dépensant pas d'énormes quantités d'énergie pour assurer la stabilité de leur température interne, ils sont les champions du rendement de la production de biomasse : un brochet d'un kilogramme n'a consommé durant toute son existence que trois kilogrammes de proies diverses.

Les informations contenues dans cet ouvrage seront pour beaucoup de ses lecteurs source d'émerveillement. Elles inciteront aussi, espérons-le, les plus passionnés d'entre eux à observer discrètement ces êtres, souvent de petite taille, sans qui la nature ne serait pas ce qu'elle est.

Il faut se féliciter que le CPIE du Haut-Doubs et l'URCPIE aient fait appel à quatre spécialistes reconnus pour rédiger cet ouvrage et que la DATAR ait soutenu financièrement ce projet.

Il est nécessaire en effet d'aider à la connaissance de ces animaux, à leur respect et à leur protection. Ils sont eux aussi des éléments de la biodiversité des milieux naturels, de notre milieu dont nous ne sommes que des habitants parmi d'autres.

Michel HIVET
Ancien président du CPIE du Haut-Doubs

# Avant-propos naturaliste

Prisonnière d'une flaque éphémère laissée par un ruisseau en crue quelques jours auparavant, une truite file sous un bois mort immergé. Ma main se glisse lentement dans l'eau, remonte à l'aveuglette le long de la cachette, effleure le poisson, le devine, s'arrête à peine puis serre juste ce qu'il faut. Une poignée de secondes plus tard, la truite repose au bord dans quelques centimètres d'eau.

Une merveille… Le dessus de son corps est d'un incroyable bleu-violet irisé. La couleur s'estompe sur les flancs et vire au jaune d'or sur le ventre. Quelques points sombres, et dix ou douze points rouge vermillon, lumineux, ponctuent le tout. La beauté sauvage est devant moi, dans toute sa puissance et sa subtilité. Quelques instants de contemplation et la captive retrouve son ruisseau.

Comme elle et ses congénères, les serpents, les lézards, les grenouilles et les crapauds appartiennent à un monde discret, bien loin de l'exubérance de couleurs et de mouvements offerte par les oiseaux, les papillons ou les libellules.

Ceux-là ne vous séduiront pas immédiatement. Ils se laisseront un peu désirer. La discrétion est de mise, excepté pour quelques batraciens qui chantent, et encore bien souvent de nuit, à l'heure où nous sommes rarement à l'extérieur. Ils ne laissent pas de traces, de restes de repas ni de fientes trahissant leur présence et permettant de deviner une bribe de leurs comportements.

Aller à leur rencontre demande donc une attention particulière, tous les sens en éveil. Peut-être faut-il parvenir à se sentir vipère ou lézard vert pour distinguer l'une ou l'autre prenant le soleil, à demi dissimulé au pied d'un buisson. Ou truite, pour deviner dans la transparence mouvante de l'eau la silhouette de l'une d'entre elles, nonchalamment calée derrière un galet.

Alors, pour qui apprécie ces petits riens qui emplissent les yeux et l'esprit, en des temps où l'artificiel règne en maître, s'ouvre un monde de découvertes et de bonheurs inépuisables : le concert flûté et surnaturel des crapauds alytes, le délicat agencement des écailles d'un lézard, l'œil de cuivre d'une vipère, la nageoire dorsale violacée d'un ombre fouillant sous un galet, l'orange éclatant du ventre du triton alpestre ou la densité caoutchouteuse du corps de la salamandre tachetée…

Mais laissons parler les auteurs. Infatigables coureurs de terrain, à la sensibilité et à la curiosité toujours en éveil, ils connaissent tout cela mieux que personne et sauront vous faire partager leur passion pour ces espèces animales. Les uns et les autres vous offrent dans cet ouvrage la somme d'années entières d'observations patientes, de nuits d'écoutes, auxquelles ils ont mêlé avec bonheur une rigueur scientifique sans faille. Nul doute qu'ils vous donneront envie de suivre quelques-unes de leurs pistes.

Jean-Philippe MACCHIONI
Réalisateur, cinéaste animalier

© J.-C. Riot

# La montagne

© P. Bichet

urassienne

# Cadre géographique et climatique

Entre la plaine de Saône et la plaine mollassique suisse, la vigoureuse géographie de la montagne jurassienne, culminant à 1 718 m au Crêt-de-la-Neige (F-Ain), s'offre à notre curiosité. Mais quelle a été la genèse de cet ensemble ?

Les formations rocheuses dites « jurassiques », nées des matériaux déposés sur plusieurs centaines de mètres d'épaisseur pendant près de 45 millions d'années au cours de l'ère secondaire, en

Le Crêt-de-la-Neige (F-Ain)

© D. Pépin

© D. Pépin

Le Doubs

© D. Pépin

ont formé l'assise. À cette époque, les eaux s'écoulaient en direction de la plaine suisse, recouverte d'une vaste nappe d'eau dont le lac Léman, le lac de Neuchâtel et le lac de Bienne forment la trace.

Au début de l'ère tertiaire, le plissement alpin fait surgir les Pyrénées, les Alpes et le Jura, qui prend alors sa forme actuelle et s'incline vers la Saône et le grand lac bressan. Le massif connaît une érosion intense. Les rivières s'enfoncent et les plateaux se creusent de gouffres, d'entonnoirs et d'imposants réseaux karstiques. De nombreuses failles jouent en contrepoint des plis de la montagne, qui vont se dégager de plus en plus nettement.

L'Aar se sépare du Rhin et forme un coude vers l'ouest pour rejoindre la vallée du Doubs au sud de Montbéliard. Il devient Aar-Doubs, longe le faisceau bisontin et dépose le long de son cours des alluvions alpines et vosgiennes.

Au début du Quaternaire, toutes les hautes vallées sont recouvertes de glaciers. Certaines études font remonter à l'époque interglaciaire la séparation définitive des bassins du Rhône et du Rhin. Plusieurs cours supérieurs, comme la haute vallée de l'Orbe (F-Jura et CH-Vaud), sont affectés par des déformations tectoniques plus récentes.

En se retirant, les glaciers abandonnent des quantités de matériaux, dont certains, disposés en travers des vallées et associés au remplissage lacustre, ont donné naissance à la plupart des lacs actuels ou fossiles de la montagne jurassienne.

À cette époque, les débits des cours d'eau jurassiens sont passés d'un régime périglaciaire à un régime interglaciaire, soulignant la persistance d'un environnement froid sur ces territoires. Les tourbières sont nées à cette époque.

Depuis environ soixante mille ans, le réseau hydrographique jurassien a trouvé son organisation actuelle. Du nord au sud, les rivières, parmi lesquelles Birse, Scheulte, Suze, Lucelle, Orbe, Dessoubre, Drugeon, Cébriot, Lemme, Ain, Venoge, vont rejoindre le Rhin et le Rhône aux bassins mariés par la grande épingle nourricière du Doubs, récents témoins des bouleversements géologiques passés.

L'empreinte continentale marque fortement le climat de la montagne jurassienne, à laquelle viennent s'adosser les vents d'ouest, témoins de l'influence océanique que l'altitude

La Brévine (CH-Neuchâtel)

© D. Pépin

estompe. Sèche et venant du nord-est, la bise renforce la sensation de froid dans les couloirs des vallées. Les hivers peuvent être très froids (-40 °C dans le val de Mouthe, F-Doubs, ou dans la vallée de la Brévine, CH-Neuchâtel), les étés très chauds, fréquemment orageux, et la pluviosité augmente avec l'altitude.

Au sein des hauts plateaux et de la haute chaîne, on peut observer de nombreuses variations climatiques locales. La haute vallée du Doubs, par exemple, est particulièrement arrosée alors que la région de La Chaux-de-Fonds (CH-Neuchâtel), en situation abritée, jouit d'un microclimat relativement sec pour cette altitude.

Si chaque cours ou plan d'eau possède son régime thermique lié à son environnement topographique, les eaux de surface de la montagne jurassienne sont apparentées par leur régime thermique général et la nature des émergences autour de deux grands types de sources.

L'eau jaillit du calcaire dans un écart thermique annuel de 7 à 10 °C et peut gagner, en plein été, plusieurs degrés en quelques centaines de mètres alors que les cours d'eau issus de tourbières pré-

© D. Pépin

Source de la Saine (F-Jura)

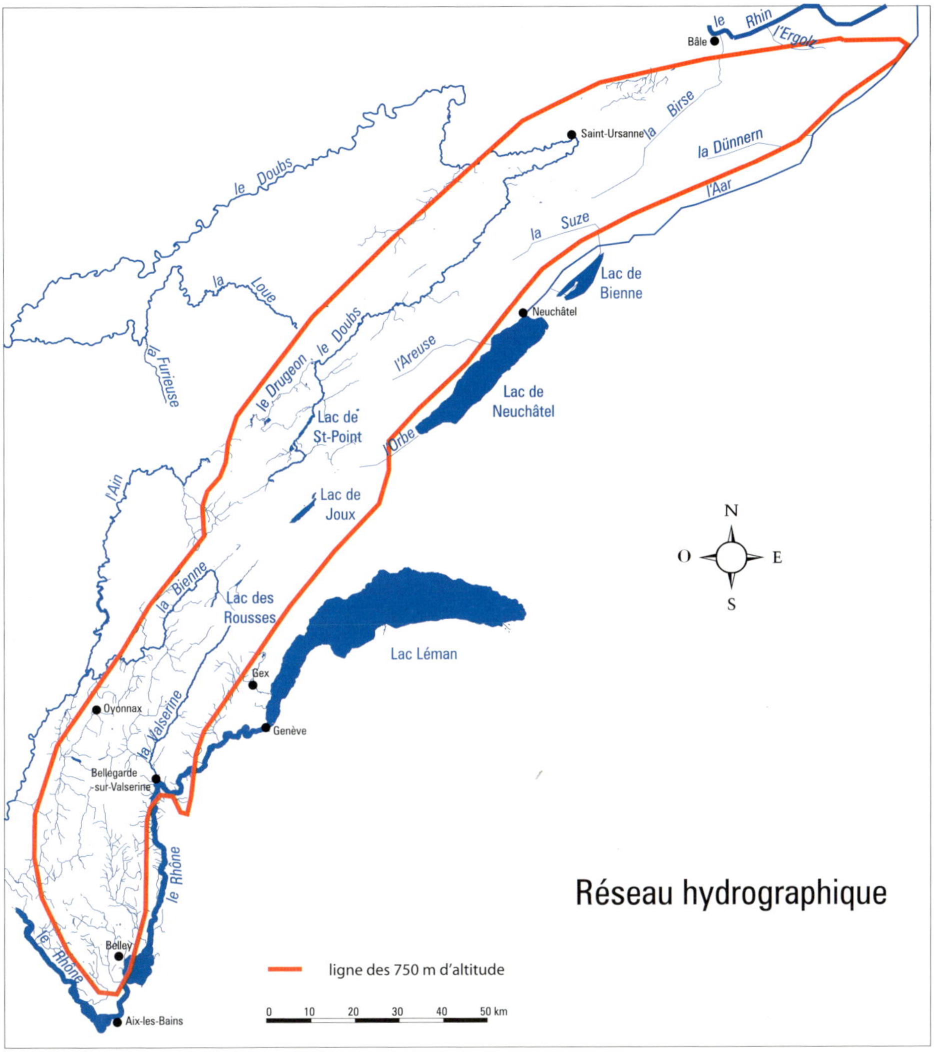


sentent des eaux en moyenne moins froides. Au cœur de l'hiver, de nombreux plans d'eau montagnards gèlent en surface, comme le lac de L'Abbaye (F-Jura) et le lac de Joux (CH-Vaud).

Les périodes de basses eaux d'été et d'hiver sont aggravées, en altitude, par la nature karstique du sous-sol et la présence de pertes qui peuvent absorber la totalité du débit au cours des épisodes les plus secs. Ce double état rend les cours d'eau de la montagne jurassienne, particulièrement les plus petits, très sensibles aux prélèvements et à l'impact d'activités humaines mal maîtrisées.

# Origine et évolution des espèces

Les poissons de la montagne jurassienne sont des téléostéens, groupe apparu au Trias. Les crossoptérygiens, tel le cœlacanthe, poissons allongés couverts d'épaisses écailles, à nageoires paires montées sur un pédoncule et dotés d'une ébauche de poumon, sont à la racine des tétrapodes. Le plus ancien tétrapode connu est *Acanthostega*, qui vivait il y a environ 380 millions d'années. C'est encore un animal aquatique. Il y a à peu près 365 millions d'années, *Ichtyostega* s'aventure sur le rivage. Parmi diverses lignées d'amphibiens, l'une donne les actuels amphibiens, apparus au Trias. Les lézards actuels, leurs cousins complètement terrestres, sont apparus au Jurassique, les serpents arrivant un peu plus tard.

Après les épisodes marins de l'histoire géologique, les échanges entre les bassins fluviaux européens ont été accompagnés d'isolements complets ou partiels de territoires continentaux. Les lignées d'espèces de poissons et les races géographiques se sont mises en place. Pour les amphibiens et les reptiles, on retrouve un processus analogue

Ichtyostega

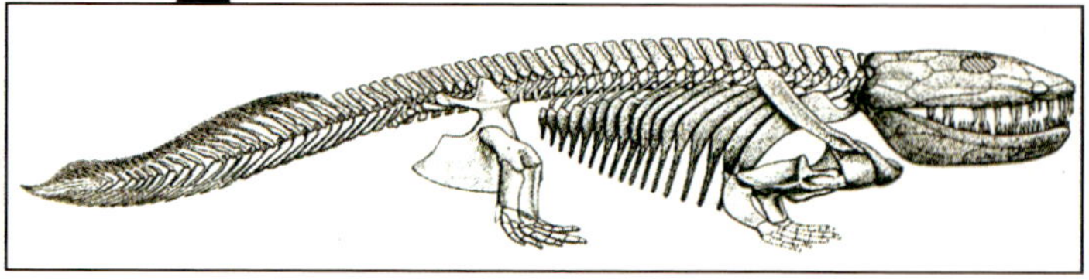

à travers le rôle des périodes interglaciaires du Quaternaire.

Les étapes récentes de cette histoire sont le fait de l'homme. La construction des voies de navigation a ouvert le chemin aux espèces originaires d'Europe centrale. Le sandre est l'exemple le plus récent de cette progression. Chez les reptiles, les défrichements opérés au Moyen Âge et, plus récemment, les voies de chemin de fer ont modifié la répartition des espèces dans la montagne jurassienne.

Les introductions venues parfois d'outre-Atlantique ont complété le cortège piscicole et assuré la diffusion rapide de certaines espèces, dont quelques-unes – envahissantes – font peser des menaces sur la faune autochtone.

Cinq aires géographiques sont à l'origine du peuplement de poissons de la montagne jurassienne. Le nord

Sandre

de l'Europe est le berceau des salmonidés et du corégone, le massif du Jura représentant, pour ce dernier, la limite méridionale de son aire de répartition. Du bassin du Danube viennent la majorité des espèces, la montagne jurassienne voisinant les limites de répartition vers l'ouest et le sud de certaines espèces, tel l'ombre. Le toxostome, originaire de l'extrême sud-ouest de l'Europe, atteint ici sa limite septentrionale. Enfin, plusieurs salmonidés et la perche soleil ont été importés d'Amérique du Nord tandis que la carpe nous vient d'Asie centrale. Au sein du peuplement, le brochet fait partie des espèces qui ont traversé le temps, d'autres – comme la truite et le corégone – ne sont pas fixés génétiquement. Chez les amphibiens, citons les diverses grenouilles vertes encore en évolution. La spéciation est toujours à l'œuvre et nous interroge sur l'avenir des espèces de la montagne jurassienne, soumise au réchauffement climatique et à la pression humaine croissante sur ses territoires.
Gageons que ce futur sera celui d'une attention accrue accordée à la protection du patrimoine aquatique et terrestre.

© D. Pépin

**Grenouille de Lessona**

# Statut légal et protection

En ce qui concerne les poissons, les anciennes bases réglementaires visaient essentiellement à organiser la pêche en respectant les périodes de reproduction. Elles instauraient également des nombres de prises et des tailles de capture. Elles perdurent aujourd'hui et sont encadrées par des arrêtés cantonaux et départementaux, renforcés par des mesures locales.

Une des particularités de la montagne jurassienne est qu'en Suisse le pêcheur amateur peut vendre son poisson, en France non.

Cette différence, parmi d'autres, est à l'origine de débats parfois soutenus au sein des instances franco-suisses de la pêche. Les textes nationaux et fédéraux, comme le Code rural en France, relayés en 2000 par le Code de l'environnement, la Loi fédérale sur la pêche en Suisse, déclinés par des arrêtés préfectoraux et des lois cantonales, ont été pendant longtemps les seules références.

La forte baisse de populations comme celles de l'apron et du toxostome, l'effondrement des rendements de pêche de certaines espèces dans les lacs montrent que la réglementation doit être complétée par une approche consensuelle de la protection des hydrosystèmes de tête de bassins. On a vu apparaître en Europe des lois d'intérêt général sur la pêche en eau douce et la protection des milieux aquatiques. La convention de Berne de 1979 et la directive européenne Habitats-Faune-Flore de 1992 en forment l'architecture la plus récente.

Les administrations sont ainsi impliquées dans des textes concernant la protection de la qualité de l'eau en secteurs salmonicoles et cyprinicoles et dans la mise à jour régulière de listes d'espèces devant bénéficier de mesures de protection et de gestion particulières. Dans la montagne jurassienne, l'omble chevalier, le corégone, l'ombre commun, le chabot, l'apron, le brochet, la lote, le toxostome, la vandoise, le spirlin, le

Barbeau

© C. Bry

© D. Pépin

Vipère péliade

blageon et le barbeau figurent dans diverses annexes de ces textes européens.

En Suisse, tous les amphibiens et reptiles indigènes sont strictement protégés par une loi fédérale de 1966. Ce n'est donc pas le cas de la grenouille rieuse ou de la tortue de Floride, espèces introduites. Une révision en 1987 a amélioré la préservation des biotopes par les cantons.
En France, la presque totalité des espèces est strictement protégée depuis 1979. Cependant, la grenouille verte et la grenouille rousse peuvent être capturées pour la consommation familiale et la commercialisation de la grenouille rousse est possible sur autorisation préfectorale, tout cela en « eaux closes ». En « eaux libres » (cours d'eau), leur pêche est interdite pendant la période de reproduction durant au moins deux mois, par arrêté préfectoral. La protection de la vipère aspic et de la vipère péliade n'est que partielle, leur destruction ponctuelle restant autorisée.
Depuis fin 2004, un nouvel arrêté maintient la protection des espèces et, fait positif, interdit de détruire leur habitat.
Le comité de suivi de la convention de Berne a attiré en 1991 l'attention des États sur la préservation active du triton crêté et du crapaud calamite. L'annexe II de la directive Habitats évoquée plus haut demande pour le triton crêté et le sonneur à ventre jaune la désignation de « Zones spéciales de conservation ».

© C. Bry

Apron

Il faut partager avec le grand poète René Char l'idée que l'hameçon est né du regard d'une femme, attentive au plongeon soudain et inflexible des épines de deux rosiers sauvages frappant l'eau.

Les néandertaliens ont pratiqué la pêche dans le Jura, mais il faut attendre la fonte des derniers glaciers pour que les hommes pénètrent les hautes terres par les vallées et s'installent sur les rives des lacs. Ces hommes du Néolithique ont pratiqué la pêche longtemps après les agriculteurs colons de la plaine.

Il faut arriver au Jura médiéval et au renouveau monastique pour assister à la création de nombreux étangs et à une économie organisée de la pêche et de la pisciculture, inspirée des pratiques d'Europe centrale. Point d'espèces protégées dans ce long parcours, mais des règles édictant le nombre de prises et les dates d'ouverture et de fermeture.

Dans la montagne jurassienne, sous l'Ancien Régime, le poisson était un des plus beaux cadeaux que l'on pouvait faire à une personne que l'on voulait honorer.

La pêche actuelle est toujours foisonnante dans ses techniques et ses matériels, dans sa littérature et ses récits. Celle des amateurs aux engins et la pêche professionnelle sont exclusivement pratiquées dans les lacs suisses. En terre helvète, les pêcheurs professionnels sont nombreux. Deux d'entre eux, par exemple, exploitent le lac de Joux (CH-Vaud) pour le corégone, la perche et le brochet, et le pêcheur à la ligne peut vendre ses captures. On doit cette différence à l'absence de poissons autochtones au menu des restaurateurs français du

bord des eaux, alors que leurs homologues suisses travaillent plus régulièrement cette ressource.
La pêche à la ligne amateur est principalement consacrée à la truite et à l'ombre, en rivière, et au brochet ou au corégone dans les lacs. Les techniques sont d'une grande diversité, ainsi les amateurs passionnés de la pêche à la mouche montent-ils leurs propres imitations d'éphémères adultes (imago) émergentes (à l'éclosion), nymphes et larves, ou de trichoptères et de diptères avec du fil de soie et des plumes de coq ou de canard.
Les amateurs de pêche aux carnassiers élaborent des montures à poisson mort, des cuillères tournantes ou ondulantes, des leurres souples ou autres poissons nageurs artificiels. Puis vient l'action au bord de l'eau, dès les premières heures du jour et jusqu'au « coup du soir ».

Dans la partie française de la montagne jurassienne, la consommation des grenouilles rousses est une tradition bien ancrée, ainsi que le rapporte Beauquier en 1910, qui nous parle de crème, de beurre et de friture... Chaque printemps, les «grenouillards» sortent nasses ou lanternes. Espérons que les prélèvements resteront compatibles avec la conservation de l'espèce, qui doit aussi subir le massacre de nombreux migrateurs par l'automobile.
La pêche des grenouilles est interdite dans toute la Suisse depuis 1966, aussi les restaurateurs se sont-ils rabattus sur des importations provenant de France, d'Égypte ou de Turquie.

© D. Pépin

© F. Schwaab

Grenouille rousse

# L'observation des poissons, des amphibiens et des reptiles

## POISSONS

Ce sont d'abord les pêcheurs qui fréquentent les bords de l'eau et l'on peut apprendre d'eux la meilleure façon de repérer, d'identifier et d'observer les poissons. Évidemment, une eau claire et une bonne lumière sont favorables à l'observation, mais l'aide d'une paire de lunettes à verres polarisants est recommandée : elle permet d'éliminer une bonne partie des rayons lumineux réfléchis par la surface de l'eau. On est alors très surpris de discerner les cailloux du fond de la rivière, les plantes aquatiques qui ondulent dans le courant, puis, avec un peu de concentration, les poissons évoluant en groupes ou postés près d'un obstacle immergé.

Deux périodes sont favorables à l'observation des différents poissons : la période de reproduction et celle de l'alimentation, chaque espèce ayant ses propres phases d'activité.

Ainsi les truites se regroupent-elles pour frayer, en plein hiver, sous de faibles hauteurs d'eau courante, et c'est un spectacle superbe, par une belle journée de décembre et après une approche discrète, d'assister au ballet nuptial des salmonidés. Les mêmes, au printemps, font une orgie d'éphémères qu'elles capturent par des gobages plus ou moins bruyants faisant parfois jaillir le poisson hors de l'eau.

Au bord des lacs, la reproduction bruyante du brochet en fin d'hiver et des cyprinidés jusqu'au cœur de l'été anime les zones de végétation rivulaire. Dans tous les cas, une paire de bottes et des mouvements mesurés sont les clés d'observations mémorables pour le promeneur, allongé sur la berge ou dissimulé dans le surplomb d'un bouquet de frênes ou d'aulnes, ou parfois posté sur un pont dominant la rivière pour plonger le regard au plus profond de l'onde et saisir l'éclat d'écailles d'une chasse de chevaine ou d'un toxostome raclant les galets.

À ces observations naturalistes s'ajoutent les captures à but scientifique ou de sauvetage, par pêche électrique en rivière ou filets maillants dans les lacs.

© C. Bry

Truite commune

Crapaud commun

Sonneur à ventre jaune

## AMPHIBIENS

D'abord, il faut retenir qu'on peut contacter des amphibiens en utilisant simplement la vue ou l'ouïe. La période de reproduction, essentiellement de mars à mai selon les espèces et l'altitude, est une phase d'approche privilégiée. Des rassemblements de grenouilles rousses ou de crapauds communs peuvent être observés vers les bordures peu profondes des plans d'eau, même en journée. Il est étonnant de constater le comportement frénétique des mâles de crapauds, poussant leurs petits cris répétés, parfois agglutinés en groupe d'une dizaine sur une femelle presque étouffée. En soirée, le ronronnement d'un chœur de grenouilles rousses peut être entendu. Après quelques jours de cette période intense, les amas de pontes globuleuses des grenouilles et les longs cordons de celles des crapauds communs sont entremêlés parmi joncs et laîches. Plus tard, les myriades de petits têtards apparaissent, puis c'est l'émergence vers juillet de minuscules répliques de leurs parents, ces derniers retournés depuis longtemps à la vie terrestre dans les prairies et les bois, où il est parfois possible de les observer durant la journée.

Cette approche rendra certainement l'observateur plus attentif lorsque sa voiture croisera au printemps une migration massive de grenouilles ou de crapauds vers leur lieu de reproduction.

Une promenade estivale sur un chemin forestier aux ornières inondées offre l'occasion de rencontrer quelques sonneurs à ventre jaune flottant à la surface de l'eau. Après une pluie d'orage, le regard s'arrête sur une belle salamandre tachetée, espèce habituellement nocturne sortie à la

faveur de la forte averse. Ses larves se développent dans les vasques des petits ruisseaux, alors que celles des tritons peuplent plus classiquement les eaux stagnantes des mares et des lacs. Au printemps, une eau claire et une lumière favorable dévoilent les jolies teintes contrastées du triton alpestre. Pour la réalisation d'une enquête de répartition, une épuisette à mailles serrées permet une brève capture. Il est important de noter les date et lieu de l'observation, l'espèce étant vérifiée au besoin dans un guide de détermination.

## REPTILES

Il faut savoir que la probabilité d'observation des reptiles en montagne au cours d'une journée n'est pas du tout régulière, le facteur saisonnier compliquant encore la situation. Les heures les plus chaudes (à partir de 25 °C environ) et les plus sèches sont défavorables, surtout en août, où les observations directes sont rares l'après-midi. Globalement, l'alliance de la chaleur modérée et de l'humidité est propice, pour le lézard vert en particulier. Au printemps, à partir d'avril-mai, la bonne période couvre à peu près les intervalles 9h-13h, puis 16h-19h. En septembre, les reptiles sont à nouveau visibles une grande partie de la courte journée, l'humidité trop forte pouvant alors devenir une contrainte négative.

Un déplacement lent, aussi silencieux que possible, et une grande attention sont nécessaires afin d'anticiper la réaction de l'animal. Dans le cas contraire, seule une fuite plus ou moins bruyante trahit certaines espèces (lézard vert, couleuvre

© D. Pépin

Vipère péliade

Mue de couleuvre

verte et jaune). D'autres, plus discrètes, se dérobent prestement en silence ou restent immobiles sans être repérées (coronelle lisse, vipères aspic et péliade). La vue de l'observateur doit à la fois se porter à environ 5 m vers l'avant (en analysant les détails du milieu selon ses connaissances antérieures des espèces pressenties) et revenir balayer le champ plus proche afin de déceler une présence qui lui aurait échappé. L'usage de jumelles à mise au point rapprochée permet de voir les détails d'écaillure et de coloration. Des photographies peuvent être réalisées. Même sans coup d'œil particulier, le silence et la chance apportent parfois de belles observations. Un mode d'approche indirect est fourni par les mues que les lézards et serpents abandonnent dans la végétation. Cette méthode permet de découvrir la présence d'espèces rarement visibles.

Lézard vert

# Comment utiliser ce livre ?

Cet ouvrage traite des trente-deux espèces de poissons, douze espèces d'amphibiens et douze espèces de reptiles observables actuellement dans la montagne jurassienne. Quelques autres espèces absentes en altitude ou au statut mal connu sont signalées (p.160).

Le secteur géographique concerné couvre le massif du Jura suisse et français, au-dessus de 750 m d'altitude, en englobant les fonds de vallée inclus dans cet espace (carte p.15). Au nord, la zone est limitée par ce niveau d'altitude entre l'Aar et le Rhin. Elle intègre donc une partie des cantons suisses d'Argovie, de Bâle campagne et de Soleure. En descendant vers le sud, le secteur est limité à l'est par cette isohypse dans les cantons de Berne, de Neuchâtel et de Vaud et à l'ouest par cette même courbe de niveau dans les départements français du Doubs et du Jura. Au sud, la zone englobe une partie du département de l'Ain, la limite d'altitude longeant le cours du Rhône à l'est et s'approchant de la rivière d'Ain à l'ouest. Les fonds de vallée tels que la vallée du Doubs entre Morteau (F-Doubs) et Saint-Hippolyte (F-Doubs), la vallée de Delémont (CH-Jura), le Valromey (F-Ain), la haute Bienne (F-Jura) et l'Albarine (F-Ain) sont inclus dans le périmètre défini précédemment.

Dans les textes, les localités citées sont suivies entre parenthèses des initiales du pays en majuscules et du département français ou du canton suisse concernés : le lac de Saint-Point (F-Doubs), le lac de Joux (CH-Vaud) par exemple.

Plutôt que d'être présentées de façon systématique, méthode peu familière aux non-spécialistes, les espèces ont été rassemblées par type de milieu :

- Sources, ruisseaux et torrents
- Rivières et versants
- Lacs, étangs, marais et tourbières
- Prairies et mares

Chaque espèce est présentée dans le type de milieu naturel où les chances de l'observer dans le massif du Jura sont les plus grandes, ce qui n'exclut évidemment pas qu'elle puisse être rencontrée dans un ou plusieurs autres milieux, éventuellement selon différentes phases de son cycle annuel d'activité. Par exemple, certains poissons fréquentent les rivières et les lacs. La grenouille rousse se reproduit dans les zones calmes des rivières ainsi que dans les plans d'eau. Le lézard vivipare occupe les tourbières et les prairies de haute altitude.

## Les pictogrammes

En haut de page est placée une petite carte indiquant le statut de protection de chaque espèce avec une couleur par département français et canton suisse. La couleur verte signifie que l'espèce est strictement protégée, la bleue que l'espèce peut être pêchée ou capturée pour consommation ou encore détruite ponctuellement.

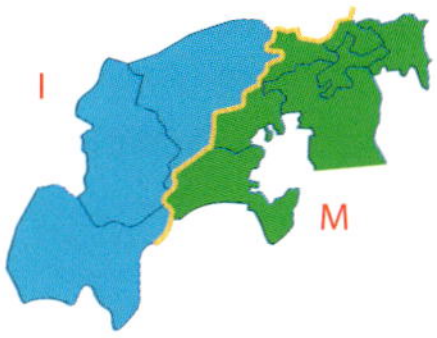


Placée à gauche de la carte, la mention **E** traduit que l'espèce est inscrite comme en danger d'extinction dans la liste rouge des espèces menacées en France, la mention **V** indique que l'espèce est vulnérable, la mention **R** que l'espèce est rare, la mention **I** que l'espèce a un statut indéterminé, la mention **S** que l'espèce est à surveiller.

Pour la Suisse, les dénominations sont les suivantes : la mention **E** concerne une espèce en danger d'extinction, **TM** indique une espèce très menacée, **PM** une espèce potentiellement menacée, **M** une espèce menacée et **N** une espèce non menacée.

## Chaque monographie d'espèce comprend au maximum cinq paragraphes, repérés par des icônes

### *Icône Œil*

Principaux critères d'identification de l'espèce, sans prétention exhaustive, l'ouvrage n'étant pas un guide de détermination.

### *Icône Terre*

Répartition de l'espèce à l'échelle européenne et/ou franco-suisse.

### *Icône Biologie Écologie*

Certains traits caractéristiques de la biologie et de l'écologie de l'espèce.

### *Icône Montagne jurassienne*

Statut de répartition de l'espèce dans la montagne jurassienne, y compris les vallées enclavées.

### *Icône Livre*

Traditions populaires, noms vernaculaires, anecdotes naturalistes ou scientifiques.

# Au fil des

© M. André

# milieux

La source, crénon des Grecs, forme le premier élément où le fil de l'eau sort de terre à la faveur d'un niveau imperméable pour former un type d'émergence lié à la nature du sous-sol. Sources vraies naissant d'un réservoir de matériaux filtrants fluvio-glaciaires, exsurgences et résurgences jaillissant d'un massif calcaire fissuré, drains de tourbière qualifient une palette propre à la montagne jurassienne.

La température de l'eau qui sort de terre est très stable et se situe entre 7 et 10 °C, quelle que soit l'altitude. Elle forme un lien typologique essentiel qui apparente par exemple la source du Doubs, exsurgence du calcaire portlandien, à 942 m d'altitude à l'amont de Mouthe (F-Doubs), à celle des Doulonnes, naissant des alluvions pliocènes de la nappe de Bresse dans le massif forestier de Chaux (F-Jura), 730 m plus bas.

La petite faune aquatique hôte de ces milieux vit dans des gammes étroites de température fraîche. Si la fraîcheur de l'eau apparente ces milieux, le régime et la qualité de l'eau les différencient très nettement.

Les sources vraies issues de nappes gravelo-pierreuses ou de tourbières ont un régime très régulier, alors que les émergences issues du karst présentent d'importantes variations de débit, marquées, à la faveur des orages, par des épisodes brutaux de montée des eaux redoutés des spéléologues.

Les sources vraies issues de matériaux filtrants sont de bonne qualité physico-chimique et aptes

Source du Doubs (F-Doubs)

© D. Pépin

© F. Schwaab

Salamandre tachetée

à la consommation humaine avec un minimum de traitement, alors que les émergences karstiques sont difficiles à protéger et fournissent une eau de qualité médiocre portant la trace nettement marquée des activités humaines des plateaux karstiques.

Les organismes vivant dans ces milieux sont soumis à de rudes conditions, dues à des étiages sévères et aux épisodes de brutales montées des eaux véhiculant des charges minérales et organiques importantes, parfois associées à des éléments indésirables.

Trois modes d'écoulement caractérisent le mouvement de l'eau à la sortie de terre : rhéocrène pour une source jaillissante, hélocrène pour une source issue de nappe et s'écoulant par gravité, limnocrène pour une émergence naissant au fond d'un plan d'eau, fréquente dans les lacs de la montagne jurassienne.

Le pied aspergé des voûtes calcaires des émergences karstiques est riche en hépatiques à thalle et en cyanobactéries fuyant la lumière vive. Les chaos de blocs du premier parcours ensoleillé sont colonisés par de denses tapis de mousses.

Les groupements végétaux des sources vraies sont tout à fait différents : prêles, dorines, populage des marais, iris faux acore, véroniques, cresson… forment le cortège d'hélophytes de la strate basse, associés à d'autres espèces comme le cresson de fontaine et les algues d'eau froide.

La mégaphorbiaie et la végétation d'aspect prairial à hautes herbes, le riche assemblage de laîches accompagnent enfin les sources issues des tourbières des systèmes montagnards frais, abondants dans la montagne jurassienne.

© D. Pépin

La Bonavette (F-Doubs)

© D. Pépin

Si la rivière déjà constituée, large souvent de plusieurs mètres, voire de quelques dizaines de mètres, émerge du calcaire et quitte la montagne jurassienne en un parcours bref, surtout sur le versant helvète, les ruisseaux forment le deuxième segment du réseau hydrographique et constituent une part importante de son linéaire d'eaux vives.

Systèmes de petites dimensions, très discrets parfois, invisibles sous la tombée des carex, ils tracent leurs méandres dans les bas marais pour rejoindre, après de rapides trajets, le littoral des lacs dans le labyrinthe des touradons. En milieu forestier et prairial, ils forment les ultimes refuges des populations d'écrevisse à pieds blancs. Ils prennent de la vitesse avec la pente et abandonnent leurs méandres pour un tracé plus vigoureux, parfois rectiligne, où alternent cascadelles et petites vasques, refuges des larves de salamandre tachetée et des truitelles, dissimulées sous le surplomb de la baldingère et des pétasites. Dans les territoires montagnards, ils empruntent des parcours torrentueux, en mangeant discrètement leurs berges sans atteindre la puissance de leurs homologues alpins. La présence de pertes et l'évolution du substratum calcaire induisent des débits d'étiage très faibles, notamment en été, et les rendent naturellement vulnérables aux activités humaines de la montagne jurassienne, riches de trois domaines principaux : le tourisme, l'exploitation des bois résineux et l'élevage laitier. Le développement du tourisme hivernal et l'apparition des canons à neige constituent la menace la plus récente pour la phase hivernale de leur cycle de vie. La pérennité d'une large partie d'entre eux est liée à une maîtrise très attentive des nuisances de ces trois activités associée au respect de leur intégrité physique.

Truitelle

© C. Bry

# Truite commune

## Salmo trutta Linné, 1758

*Syn. français :* **Truite de rivière**

*Syn. latins :* **Salmo trutta fario, Salmo fario**

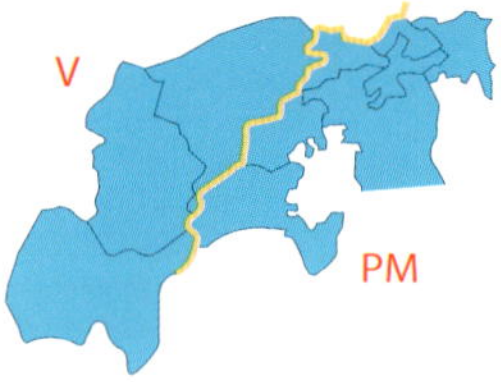

© C. Bry

© C. Lemmel

Salmonidés

Symbole des rivières de la montagne jurassienne avec l'ombre commun (p. 68), dame mouchetée est très variable de forme et de robe. Sa silhouette élancée à pédoncule caudal puissant, à bord postérieur droit, et sa forte tête à bouche largement fendue et garnie de dents acérées en font une excellente nageuse et une chasseuse au grand appétit. L'extrémité de la mâchoire inférieure du mâle âgé, dit « bécard », est recourbée vers le haut. Commune aux salmonidés, la petite nageoire adipeuse suit la dorsale. La peau est couverte de petites écailles lisses. La robe, richement colorée, est très variable. Les flancs brun-jaune, piquetés de points noirs, parfois de points rouges cernés d'une auréole plus claire, présentent, chez la truite jurassienne, trois ou quatre bandes verticales sombres permettant, dans le Doubs, de distinguer les individus issus de souche atlantique (introduite) de la forme méditerranéenne (native), la zébrée. L'appartenance des truites zébrées du Doubs frontalier à la forme méditerranéenne a été étudiée par des généticiens suisses qui ont mis en évidence la difficulté à distinguer les deux formes dans le panier du pêcheur. Les points noirs peuvent s'étendre à l'opercule, à la dorsale, jamais à la caudale. L'attache des nageoires pectorales est souvent marquée de rouge. La taille et le poids, au même âge, dépendent des caractéristiques du milieu. La flexibilité de la croissance est grande chez l'espèce. Les

petits ruisseaux de la montagne jurassienne, riches en calcium, abritent des sujets de taille maximale proche de 25 cm, pour un poids moyen de 200 g. Dans les plus grands cours d'eau, la truite atteint souvent une taille de 50 cm pour un poids qui peut dépasser 1 kg. Le Doubs dans son parcours frontalier abrite des sujets d'âge proche de dix ans et de 80 cm pour un poids de 5 kg. En situation optimale, les effectifs peuvent dépasser trois cents sujets pour 10 ares dans de nombreux cours d'eau de l'arc jurassien. Dans les lacs, naturels ou artificiels, la truite de rivière devient truite de lac *(Salmo trutta lacustris)* et prend une robe argentée à reflets nacrés, bleu ou noir sur le dos et les flancs, au ventre blanc à blanc nacré. Installée dans son habitat lacustre, elle « prend du ventre »… et du poids. Les plus gros sujets avoisinent alors le mètre pour un poids proche de 10 kg, rarement atteint en rivière. Ces « grosses mères », très casanières, perdent leur vivacité de chasse.

La truite fario aime les eaux fraîches et bien oxygénées et accompagne fidèlement l'alternance des seuils et des mouilles. De nombreux cours d'eau de la montagne jurassienne répondent à ces exigences et l'on a tôt fait de repérer les habitats favorables où la fario tient jalousement son territoire : buissons déversant sur la lame d'eau, berges sous-cavées, passages sous blocs, alternances régulières de seuils courts et de mouilles profondes, remontées des fonds de graviers au courant favorable à la reproduction. Les vieux sujets sont solitaires et ne partagent plus leur territoire. La truite de rivière est carnivore, opportuniste, et recherche un grand nombre de proies qu'elle capture au fond, en dérive de surface ou de pleine eau, de jour comme de nuit.

Elle a son « coup du soir » et moucheronne alors en s'exposant à la capture du fouet à la mouche sèche. Très mobile en été, elle recherche activement sa nourriture en automne pour préparer les réserves énergétiques de l'hiver. Elle ralentit alors son alimentation et peut même jeûner pendant plusieurs jours. Au voisinage de l'homme, elle devient paresseuse, prend des habitudes alimentaires déviantes et ne sait pas résister à une rognure de gruyère, comme sous le pont de la réserve, dans le Doubs à Mouthe (F-Doubs), où quelques sujets ventrus étaient coutumiers de cette pratique, au rejet de l'ancienne fromagerie. Comme le blageon (p. 58), la truite adulte peut s'accommoder de la surcharge organique d'une eau fraîche et bien oxygénée mais ne se reproduit jamais sur ces secteurs. La reproduction a lieu en hiver, pour un optimum thermique de 5 à 6 °C, en eau vive et peu profonde, sur des graviers où les femelles nettoient activement des cuvettes pour y pondre leurs œufs. Les mâles, après une cour très active, possessive et agressive envers les voisins, parfois aidés par la femelle choisie, fécondent immédiatement les œufs et demeurent auprès de la femelle, qui a recouvert sa ponte. En cette période, les géniteurs peuvent accomplir d'importantes migrations à la recherche des frayères vers l'amont, parfois très loin des lieux d'alimentation et de tenue, dans les secteurs de tête de bassin au sein de la rivière principale ou dans les petits affluents, ce qui souligne l'importance de la libre circulation, nécessaire à la quête des lieux de reproduction. La truite doit émettre ses produits génitaux à l'arrivée sur les frayères. Si les œufs et le sperme demeurent dans la cavité abdominale, les géniteurs meurent de septicémie. L'équipement en passes à poissons de nombreux barrages traduit la prise de conscience de cette nécessité. Il devrait permettre de ne plus assister au spectacle désolant de centaines de cadavres de mâles et de femelles jonchant le fond, comme dans l'Ain, au pied du saut infranchissable de la Saisse, à Pont-de-Poitte (F-Jura), après la mise en eau de la retenue de Vouglans. Associées à des mesures de protection des frayères, ces dispositions apparaissent indispensables au maintien des truites autochtones de la montagne jurassienne, qui forment le point de transition entre les populations septentrionales et méridionales européennes, au sein desquelles la truite de mer *(Salmo trutta trutta)*, forme amphihaline du littoral atlantique, et la truite à grandes taches *(Salmo trutta macrostigma)*, présente en Corse, témoignent de la très forte variabilité génétique et des remarquables capacités d'adaptation de l'espèce.

© H. Carmié

Frayère

Noms populaires : truite barrée, truite de ruisseau, truite brune, truite zébrée.

© C. Bry

Alevins vésiculés

# Chabot

## Cottus gobio Linné, 1758

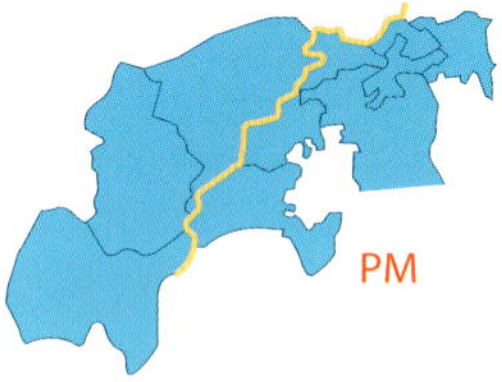


Cottidés

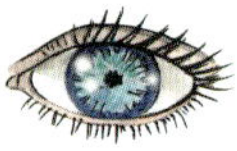

Avec son corps en massue, comme celui d'une petite rascasse, des yeux situés haut sur une tête large, une grande bouche, des pectorales épineuses largement étalées, une écaillure réduite, le chabot est une des espèces les plus caractéristiques des rivières à truite.
Il est *gobio* par confusion avec le goujon (p. 56). On se pique aux rayons épineux de la première dorsale et à l'aiguillon de l'opercule. De petite taille (10 à 15 cm), à livrée jaune grisâtre à brun, marquée de mouchetures plus foncées, le chabot est un as du camouflage.

Très inféodé aux fonds pierreux, il se cache en profitant du moindre interstice et en s'enfouissant parfois. Plutôt sédentaire, il se déplace par bonds successifs sur ses territoires. Dans cette progression, il est très exposé aux pratiques de franchissement des ruisseaux par les engins motorisés. Les gardes de la brigade jurassienne du Conseil supérieur de la pêche ont observé des sujets à l'estomac extrudé à travers la peau, sur certains gués de ruisseaux forestiers franchis illicitement par des engins de trial. Vorace et actif la nuit, le chabot se nourrit d'une large gamme de larves et d'invertébrés de la petite faune de fond, qu'il chasse à l'affût. Objet d'une réputation exagérée de prédateur d'œufs de truite, sa recherche de nourriture l'apparente à la loche franche (p. 64), avec laquelle il partage une sensibilité particulière à la dégradation des fonds, à l'origine de sa nette régression dans le réseau hydrographique haut jurassien. La ponte a lieu en mars-avril dans une petite cuvette aménagée dans des courants à fonds gravelo-sableux. Le mâle garde farouchement le nid, qu'il ventile pendant une vingtaine de jours après la fraie.

Absent de l'hémisphère sud et largement répandu en Europe, de la Russie au nord de l'Espagne, il est localisé au centre de l'Italie, absent du sud de la Grèce et des territoires septentrionaux et occidentaux de la péninsule scandinave, du nord de la Grande-Bretagne et d'Irlande. Il est largement répandu en France et absent de Corse. Il est très fréquent dans les cours d'eau de Suisse.

© L. Fauron

Le chabot a colonisé tous les cours d'eau de l'arc jurassien à l'exception du haut Doubs, où son absence est liée aux mouvements géologiques anciens et à la présence du saut du Doubs.
Il affectionne les secteurs amont et trouve son optimum typologique dans les niveaux supérieurs de la zone à truite, où une population peut atteindre plus de mille individus sur 10 ares. Il est inscrit à l'annexe II de la directive européenne Habitats-Faune-Flore et a constitué, à ce titre, un indicateur précieux pour la délimitation des zones à inscrire au réseau Natura 2000 d'intérêt européen.

© H. Carmié

En gagnant le versant français de la montagne jurassienne, à Ornans (F-Doubs), *Le Jeune Pêcheur de chavot*, armé d'une fouène, copie d'une œuvre de Gustave Courbet, nous rappelle délicieusement une pêche largement pratiquée à l'époque de l'artiste comtois.

Noms populaires : chavot, cabot, chassot, séchot, têtard.

© C. Lemmel

# Salamandre tachetée

## Salamandra salamandra (Linné, 1758)

*Syn. français :* **Salamandre terrestre, Salamandre de feu**

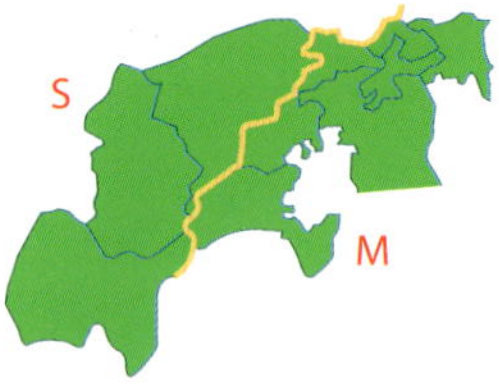


Salamandridés

Cet urodèle de grande taille (15 à 20 cm), à la silhouette variable – gracile pour les jeunes mâles, très massive et « boudinée » pour les femelles gravides –, présente généralement une livrée dorsale bien caractéristique, noir brillant avec des taches jaunes. L'intensité de cette coloration jaune est variable, pouvant aller occasionnellement jusqu'à l'orange vif. La disposition des taches jaunes caractérise plusieurs sous-espèces. La face ventrale est, quant à elle, le plus souvent d'un gris acier uni. Les larves aquatiques de la salamandre tachetée peuvent être aisément distinguées des larves de tritons par la présence à la base de chaque patte d'une tache claire, bien visible dans une eau limpide même sans capturer l'animal.

La distribution de la salamandre tachetée est strictement liée à la disponibilité en biotopes de reproduction (dont elle ne s'éloigne guère), en particulier les sources et les ruisseaux frais aux eaux bien oxygénées, même à débit intermittent. Les ornières forestières et les mares fraîches sont aussi parfois occupées. La femelle dépose ses larves dans l'eau en une ou plusieurs nuits printanières (l'accouplement s'étant produit en juin-juillet de l'année précédente), puis regagne immédiatement un gîte terrestre : souche, pierre, cavité naturelle, etc., le plus souvent en milieu forestier. Les adultes se déplacent durant les nuits douces et humides de mars à septembre-octobre. L'espèce est assez régulièrement rencontrée en milieu souterrain par les spéléologues. Larves et adultes sont prédateurs de petits invertébrés.

© F. Schwaab

© E. Craney

Jeune salamandre atypique

© J.-M. Moingeon

Cette espèce est présente en Europe occidentale, centrale et méridionale, ainsi que dans certaines régions sud-asiatiques et dans le nord-ouest de l'Afrique du Nord. Largement répartie à basse et moyenne altitude (moins de 1 000 m), elle devient plus commune en montagne dans les régions méridionales (jusqu'à 2 350 m dans les Pyrénées).

La salamandre tachetée est fréquente en forêt feuillue et mixte à moyenne altitude. Au-delà de 1 000 m, les données deviennent très rares. À la faveur des versants, où le réseau hydrographique est assez dense, elle a pu localement coloniser les rebords des plateaux supérieurs, notamment aux environs de Septmoncel et des Bouchoux (F-Jura). Des populations montagnardes sont aussi connues à Lamoura et Bois-d'Amont (F-Jura), alors que nous n'avons curieusement connaissance d'aucune observation dans les ruisseaux de la haute vallée du Doubs (environs de Morteau et Pontarlier, F-Doubs). En Suisse, l'espèce est notée jusqu'à 1 310 m au-dessus de Bullet (CH-Vaud).

À Mouthe (F-Doubs), on croyait que toucher une salamandre provoquait une éruption de boutons. Dans le département du Jura, on racontait que pour se guérir d'une morsure de salamandre, supposée mortelle, il fallait faire autant d'incisions sur la partie mordue qu'il y avait de taches jaunes sur le corps de la salamandre, ou encore tuer l'animal et appliquer sa peau sur la blessure.

Noms populaires : té (F-Doubs et Jura), vourlande (Septmoncel, F-Jura).

# Sonneur à ventre jaune

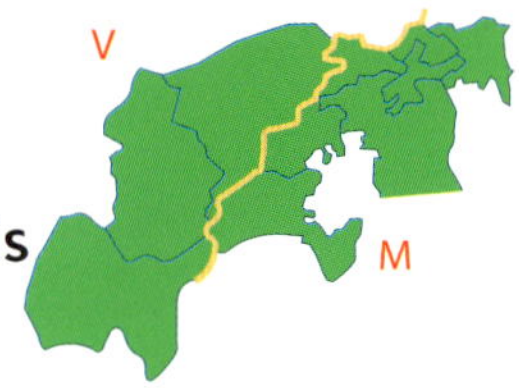


## Bombina variegata (Linné, 1758)

*Syn. français :* **Crapaud sonneur, Sonneur à pieds épais**

*Syn. latin :* **Bombinator pachypus**

Discoglossidés

Il s'agit d'un petit crapaud (corps de 5 cm de long, d'aspect aplati) plutôt discret de prime abord : sa face dorsale est en effet uniformément brun grisâtre, terreuse comme le fond des points d'eau qui l'abritent, et verruqueuse. Mais quelle surprise à la découverte d'une face ventrale gris foncé ou noir bleuté maculé de jaune vif, parfois d'orangé ! Ses pattes postérieures sont courtes, avec une palmure presque complète.

La période d'activité de cet amphibien, assez courte, s'étend d'avril à août. Il ne s'éloigne alors qu'exceptionnellement du site de reproduction, où l'on peut parfois observer en même temps adultes, jeunes et têtards. Les sonneurs, rarement en nombre supérieur à dix-quinze, flottent à la surface de l'eau. Dérangés, ils nagent vers la rive opposée ou plongent rapidement, mais réapparaissent peu après à proximité. Les mâles émettent un appel nuptial doux et plaintif (« hou »), égrené en journée et en début de nuit. Les sites aquatiques occupés par l'espèce – fréquemment en milieu forestier ou à proximité – sont le plus souvent de faible surface, mais disposés en réseau. Ils sont caractérisés par un ensoleillement assez important et par leur pauvreté en végétation aquatique, en poissons et en autres amphibiens. Les milieux artificiels (ornières, flaques, fossés, mares…) représentent une part importante des habitats du sonneur, son principal biotope d'origine étant constitué par les zones calmes des petits cours d'eau et leurs annexes : anses, cuvettes inondées, chenaux temporaires, etc.

© F. Schwaab

© D. Pépin

© D. Pépin

Le sonneur à ventre jaune vit en Europe, de la France à la mer Noire et du centre de l'Allemagne à la Sicile et à la Grèce, excluant la péninsule Ibérique. Il a disparu de Belgique dans les années 1980, par suite de la dégradation de ses habitats. En France, l'espèce est bien représentée seulement dans un grand quart nord-est, les populations étant ailleurs numériquement faibles, disséminées et en régression. Elle a disparu de la région méditerranéenne et des landes de Gascogne. Plaines, plateaux et moyenne montagne sont occupés, les plus hauts reliefs étant évités (altitudes maximales signalées : 1 370 m dans les Alpes françaises, 1 720 m dans les Alpes suisses).

Cet amphibien, assez répandu dans le massif du Jura jusque vers 650 m, pénètre plus en montagne par le réseau hydrographique : il est connu notamment dans la haute vallée de la Bienne (F-Jura). Des stations de reproduction existent sur le Grandvaux (F-Jura) vers 980 m et en forêt de Champfromier (F-Ain) à plus de 1 000 m. La haute chaîne est colonisée très sporadiquement (un site record d'altitude au-dessus de Bellegarde-sur-Valserine, F-Ain, à 1 410 m). Quelques indications d'individus isolés (dont une à 1 520 m) seraient plutôt à rapporter à des animaux erratiques. En Suisse, l'espèce manque dans la majeure partie du Jura, même dans la vallée du Doubs. Elle est toutefois présente dans les vallées de la Birse et de la Sorne (CH-Jura). Une station est signalée à 800 m dans le canton de Vaud.

Lorsqu'il est inquiété au sol ou manipulé, le sonneur à ventre jaune adopte une position de défense censée avertir un prédateur potentiel de la toxicité de sa peau verruqueuse : il se cambre fortement, la tête relevée, les pattes avant sur les yeux, les pattes arrière repliées vers le haut, exposant ainsi le plus possible ses marbrures jaunes, signal d'alarme.

À l'exception du Doubs dans son parcours frontalier et sa boucle helvétique, les rivières de la montagne jurassienne dépassent rarement 20 m de large et forment son plus important linéaire d'eaux vives.

Cet ensemble fait lien avec le cortège d'espèces des sources, pauvre en poissons, et la zone à barbeau, élément amont des grandes rivières et des fleuves (épipotamon). Il recouvre les zones à truite supérieure (épirhithron) et moyenne (métarhithron).

Cette classification, née des travaux de limnologie européenne de la première moitié du XXe siècle, a trouvé, en 1973, une traduction franc-comtoise et sa dimension jurassienne dans les travaux de J. Verneaux, qui a proposé une gamme de types biologiques, successivement chiffrés de 1 pour les secteurs de sources à 9 pour la partie aval des fleuves.

Les rivières de la montagne jurassienne recouvrent les niveaux 2 à 5 de cette gamme, interrompue par des segments artificiels de niveau 9 induits par la création des retenues hydroélectriques et siège d'apparition des espèces typiques de l'aval.

L'allure générale du tracé et du profil longitudinal des rivières répond étroitement à la topographie du bassin versant.

L'eau, après avoir quitté les zones d'émergence et le parcours torrenteux, parfois très bref, des sommets, aborde les hautes plaines où elle méandre sur les alluvions

Le Drugeon (F-Doubs)

© D. Pépin

L'Areuse (CH-Neuchâtel)

fluvio-glaciaires ou dans la tourbe. Elle court ici au ras des berges où elle creuse des surplombs fragiles, refuges privilégiés des poissons. Le Drugeon, proche de Pontarlier (F-Doubs), fait partie de ce cortège sur la quasi-totalité de son linéaire. À la faveur d'une cluse, la rivière saute un éperon rocheux plus dur et s'engouffre dans des « goules » impressionnantes entaillées dans le calcaire. Les amas chaotiques de blocs détachés du flanc des cañons trouent l'eau des « gots » et les tourbillons des « retournes » profondes, où l'eau a raboté de vastes marmites dans la roche. L'aval du barrage de la Goule, au pied de Charmauvillers (F-Doubs) et du Noirmont (CH-Jura), et les gorges de l'Areuse (CH-Neuchâtel) sont parmi les plus spectaculaires.

Les fonds de galets, de graviers et de sable grossier forment ici la matrice pierreuse du lit où les matériaux naturels organiques fins sont très rares et dissimulés dans des encoches de la berge. Les écoulements sont sévères, violents en période de hautes eaux, et l'eau reste fraîche toute l'année. La petite faune et la flore sont équipées de systèmes d'ancrage

Blageon

pour résister au courant et aux conditions de vie qu'il impose et profiter des bonnes conditions d'oxygène et de nourriture. Les mousses à rhizoïdes puissants recouvrent les blocs et forment l'essentiel du tapis végétal aquatique. La matrice végétale de ces colonies accueille la ponte de nombreuses femelles d'insectes à larves aquatiques et une petite faune riche et variée, des trichoptères aux filets filtreurs de plein courant jusqu'aux petits vers annelés dissimulés dans le rideau des tiges et des feuilles. Cette forte hospitalité est doublée, chez les mousses, d'une importante capacité de reviviscence après les périodes d'assec.

Toutes les topographies et les formations végétales de versants accompagnent les successions longitudinales aquatiques de la montagne jurassienne.

Elles s'organisent sur les rives des cours d'eau, des premiers contreforts de la haute chaîne à la marge des plateaux. Vallons entièrement forestiers de sapins et de hêtres en contact direct avec le lit, parfois bordé d'un cordon de baldingère et de pétasite, lisières arbustives de saules et d'aulnes associées aux prairies humides paratourbeuses et aux mégaphorbiaies, prairies pâturées ou fauchées forment les paysages les plus typiques du territoire montagnard.

Les pelouses sèches et les prés-bois typiques des Franches-Montagnes (CH-Jura), plus éloignés de l'eau, complètent la végétation des bassins versants, fréquemment reliés à la rivière principale par un puissant réseau d'eaux souterraines.

Coronelle lisse

Toutes les formations rocheuses calcaires dominant les rivières – éperons, corniches, vires, éboulis ou blocs épars, ainsi que pelouses rocailleuses ou marneuses sur pente – forment d'excellents biotopes naturels pour les reptiles. C'est le cas, entre autres, du lézard des murailles, de la coronelle lisse et de la vipère aspic, qui remontent vers les hautes vallées ou atteignent parfois les hauts plateaux jurassiens grâce à ces milieux relais.

De nombreux ouvrages, témoins de l'usage hydraulique abandonné ou actuel, forment des ruptures de cycles physico-chimiques

Goumois (F-Doubs et CH-Jura)

© D. Pépin

et biologiques (ralentissement et réchauffement de l'eau, accumulation de dépôts, infranchissabilité des barrages…) et installent sur le tracé des rivières des conditions de vie propres aux espèces végétales et animales des zones aval (nénuphars, renoncules et potamots flottants, cyprinidés de la zone à brème…).

Les travaux franco-suisses engagés sur le Doubs frontalier visent à réduire l'impact des activités humaines en reconstituant des débits planchers plus élevés, en adoucissant l'impact des éclusées aux étapes fragiles du cycle de vie des espèces aquatiques et en améliorant la qualité de l'eau.

À l'aval de ces parcours, la largeur moyenne du lit atteint et dépasse 20 m et accompagne la formation de longs plats alternant avec des chenaux d'eau assagie. Le visage de la rivière change. Elle a grandi. L'eau se réchauffe en s'éloignant des sources et des sombres étroitures. Les cyprinidés de la zone à barbeau relayent progressivement les espèces compagnes de l'ombre et de la truite. La montagne jurassienne cède le jeu des rivières et de l'eau au pays de la plaine…

Les récents travaux de réhabilitation du Drugeon (F-Doubs) concernent un linéaire proche de 40 km : reméandrement et restauration du contact entre zone humide et lit mineur et du lien entre le cours d'eau principal et ses affluents, reconstitution de profils en travers forment un exemple de restauration d'un hydrosystème montagnard (vers 800 m) de près de 2300 ha, riche de onze espèces de poissons, neuf espèces d'amphibiens et cinq espèces de reptiles.

# Barbeau fluviatile

## Barbus barbus (Linné, 1758)

*Syn. français :* **Barbeau de rivière, Barbeau commun**

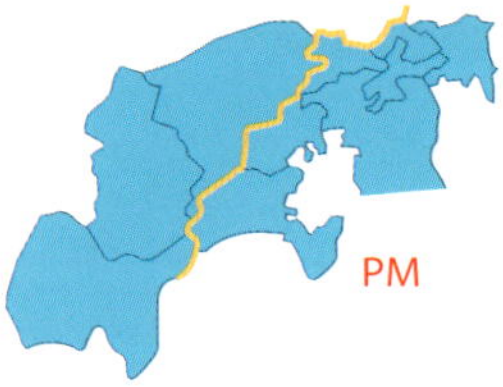


Cyprinidés

Le barbeau, élancé et allongé, à ventre plat, petites écailles et puissantes nageoires pectorales, renforcées sur le rayon externe, est un puissant nageur de fond. La bouche ronde à grosses lèvres, la supérieure garnie de quatre barbillons, témoigne de sa vie benthique. Le vert clair du dos, marqué de brun, s'estompe en teinte argentée sur les flancs et en blanc jaunâtre sous le ventre. Les nageoires, à l'exception de la dorsale, sont teintées de rouge. La taille moyenne, 30 à 60 cm pour un poids de 2 à 4 kg, peut atteindre plus de 1 m et 10 kg dans certains cours d'eau du bassin de l'Aube, dimensions jamais atteintes dans le Jura.

Ce poisson a donné son nom à la zone piscicole qui succède aux zones à truite et à ombre et affectionne les eaux vives, fraîches et bien oxygénées à fonds pierreux, où il vit en bandes à la recherche des zones profondes pour le repos. Remarquable fouisseur omnivore à préférence carnée, il suce ses proies dans le substrat des courants auxquels il est fidèle, mais qu'il déserte lorsque les fonds sont colmatés. La reproduction a lieu de

© C. Bry

© C. Bry

© C. Lemmel

mai à juillet et peut s'accompagner d'importants déplacements d'un grand nombre de géniteurs vers l'amont, à la recherche des frayères caillouteuses. Les mâles en boutons de noce sont beaucoup plus nombreux que les femelles sur les lieux de ponte, où se déroule un bruyant ballet courtisan, crépusculaire ou nocturne. En situation optimale, une population de barbeaux peut comporter jusqu'à cent individus sur 10 ares.

Originaire du bassin du Danube, le barbeau est présent en Europe, des Pyrénées à la mer Noire. Absent des territoires méridionaux de l'Italie et de la Grèce, du Danemark et de la péninsule scandinave, il occupe une petite zone du sud-est de l'Angleterre. Autochtone en France, il a diversement colonisé les provinces occidentales à partir de l'Est et entre en compétition avec le barbeau méridional *(Barbus meridionalis)* dans le sud. Présent en Suisse au nord des Alpes jusqu'à 900 m d'altitude, il est remplacé par les barbeaux canin *(Barbus caninus)* et italien *(Barbus plebejus)* dans le Tessin.

Présent aux marges les plus basses de la montagne jurassienne, ses fluctuations de populations sont associées à l'état des frayères et à la présence d'ouvrages infranchissables en période de reproduction. Son mode d'alimentation essentiellement benthique le rend particulièrement sensible au colmatage des fonds.

Noms populaires : barbillon, barbet.

# Spirlin

## Alburnoides bipunctatus (Bloch, 1782)

*Syn. français :* **Ablette grise, Ablette de courant**
*Syn. latin :* **Spirlinus bipunctatus**

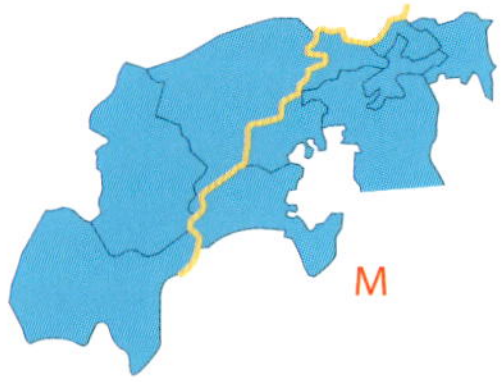


Cyprinidés

La forme en feuille de cytise et la double ponctuation noire de la ligne latérale ont donné son nom à ce petit sujet qui dépasse rarement 15 cm pour un poids maximal de 70 g. Moins élancé que l'ablette (p. 96) et à bouche terminale légèrement orientée vers le haut, le spirlin s'en distingue également par la présence d'une crête ventrale que l'on détecte avec le pouce, entre les pelviennes et l'anus. La ligne latérale, nettement infléchie vers le bas sous la dorsale, forme un fil argenté encadré par deux rangées de petites taches noires triangulaires.
La livrée, moins argentée que celle de l'ablette, est vert bleuté, brunâtre sur le sommet du dos et soulignée, sur les flancs, par une bande plus sombre. L'ensemble gris des nageoires est rompu par le jaune des pelviennes et de l'anale et une tache orangée à la base des pectorales et de l'anale. En parure de noce, le dos et le sommet des flancs du mâle verdissent, les nageoires rougissent et la bande latérale prend une teinte bleu violacé.

Grégaire, le spirlin vit en sociétés nombreuses dans les eaux vives et bien oxygénées, près du fond où il se nourrit principalement d'animalcules ; il fait quelques incursions vers la surface pour capturer des insectes aériens. Habitant des mêmes secteurs que le blageon (p. 58), le vairon (p. 62) et le goujon (p. 56) sans

© C. Lemmel

pour autant se mêler à leurs populations, il préfère les eaux très courantes, moins profondes et toujours de bonne qualité. La reproduction a lieu en mai-juin, époque où les femelles déposent leurs œufs adhérents sur des fonds de graviers et de cailloux, où ils pénètrent dans le substrat. Cette particularité confère à l'espèce une grande sensibilité au colmatage des fonds lié à l'altération de la qualité de l'eau, et de nombreuses observations suisses et françaises font état de sa régression, voire de sa disparition, dans ses stations d'élection, où il pouvait être abondant et atteindre des populations de près d'une centaine d'individus sur 10 ares de pêche.

Présent en Europe, des côtes atlantiques à la mer Caspienne, son aire de répartition n'atteint pas les provinces septentrionales et méridionales du continent. Il a gagné progressivement les provinces occidentales françaises à partir de ses territoires autochtones de l'est et du nord de l'Hexagone. Il est absent de Corse et présent en Suisse dans les bassins du Rhin et du Rhône, exceptionnel dans le bassin du Danube et introduit dans plusieurs lacs d'altitude.

Le spirlin est peu répandu et peu abondant dans la montagne jurassienne, où des mentions anciennes attestent de sa présence dans la basse vallée du Drugeon, près de Pontarlier (F-Doubs) et dans le Clos-du-Doubs (CH-Jura).
L'espèce est inscrite à l'annexe III de la convention de Berne.

Nom populaire : lugnotte.

# Toxostome

## Chondrostoma toxostoma (Vallot, 1836)

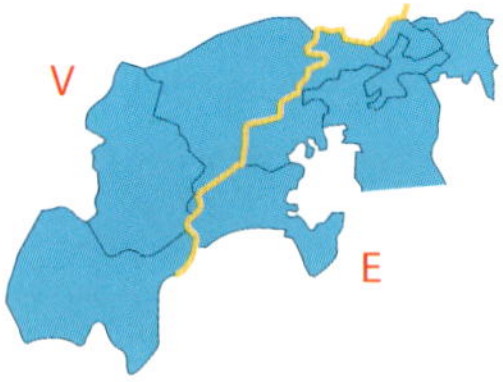


Cyprinidés

Le toxostome, étroitement apparenté au grand hotu ou nase *(Chondrostoma nasus)*, est de taille moyenne, 30 à 40 cm pour 250 g chez les plus grands sujets. Il se distingue de son congénère par le museau, plus étroit et conique, surmontant une bouche infère en fente nettement plus arquée, à lèvres dures et tranchantes. Cette particularité morphologique de la bouche en pointe de flèche lui a valu son nom d'espèce. De teinte générale jaune pâle, renforcée de vert brunâtre sur le dos et de blanc sur les flancs, la robe montre des petits points noirs sur le bord postérieur des écailles et la présence d'une bande plus foncée de la tête à la queue, sur les flancs faiblement colorés.

Hôte privilégié de la zone à barbeau, amateur de zones courantes, il se déplace en bandes et se nourrit en raclant les couvertures biologiques primaires riches en diatomées, petites algues qui forment la base de l'édifice biologique dans les cours d'eau. Moins efficace que le grand hotu dans cet exercice, il élargit son régime aux gazons d'algues benthiques dressées, aux fragments de végétaux et à certains éléments passifs de la petite faune associée. Mature à quatre ans, et moins fécond que le nase, le toxostome se reproduit le plus souvent en avril, en eaux peu profondes et courantes, proches de 10 °C, sur des fonds pierreux

© H. Carmié

© C. Lemmel

© E. Vigneux

où les œufs visqueux sont déposés sur le substrat par pontes fractionnées. Son alimentation essentiellement centrée sur le raclage des fonds le rend particulièrement sensible au colmatage et à l'apparition de produits toxiques dans le substrat.

La distribution européenne du genre *Toxostoma* est vaste, particulièrement complexe et sujette aux débats des généticiens. Certains travaux distinguent vingt-cinq espèces dans le genre et cantonnent la forme *toxostoma toxostoma* à une région hydrographique qui s'étendrait du nord-est de l'Espagne au sud de la Loire et au bassin du Rhône français. Absente de Corse, les populations françaises font lien entre les bassins de la Garonne, de la Loire et du Rhône dont la marge septentrionale « effleure » le territoire helvétique.

Naturellement peu représentées dans les eaux de la montagne jurassienne, ses populations, abondantes dans les données anciennes, sont en nette régression sur l'ensemble des eaux du réseau hydrographique jurassien et menacées d'extinction en territoire helvétique, où il est cantonné à quelques sites du Clos-du-Doubs (CH-Jura).
Si le toxostome ne bénéficie pas de mesures de protection et de gestion particulières et renforcées, il disparaîtra du cortège des espèces de l'arc jurassien.

Noms populaires : seuffe, soife, souffie, souffe, souffle, petit hotu, hotu jaune.

# Chevaine

## Leuciscus cephalus (Linné, 1758)

*Syn. français :* **Chevesne**

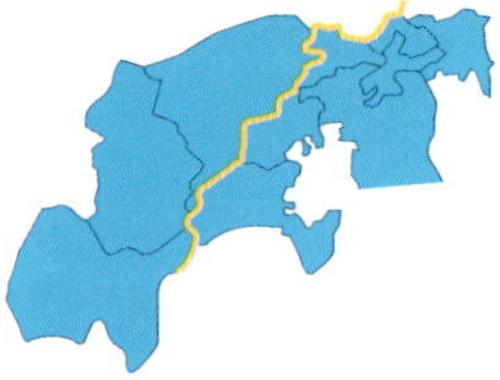

Cyprinidés

Archétype de la forme « poisson », le chevaine est vigoureux, de section assez arrondie et taillé pour une nage puissante. La tête, massive, à bouche large, dirigée vers le haut et à lèvres grandes et fortes, ouvertes à la pointe du museau, a donné son nom à l'espèce. Le dos, bleu-vert à gris-brun, s'éclaircit sur les flancs dorés, où les écailles à bord assombri forment un réseau régulier et soutenu. Le ventre, parfois gris jaunâtre chez les sujets âgés, semble être à l'origine du nom de genre lorsqu'il est largement blanc. Les nageoires pectorales, ventrales et anale sont teintées de rouge. La taille moyenne, voisine de 40 cm, peut atteindre 70 cm pour un poids de 5 kg.

Grégaire, le chevaine mène une vie diurne en se déplaçant, comme la vandoise (p. 60), en amont et en aval de ses sites de tenue privilégiés. Vorace, il se nourrit largement aux dépens des plantes aquatiques, mais ne néglige pas la petite faune de fond, les insectes qui tombent dans l'eau, voire quelques détritus goûteux ou des fruits. Les poissons entrent largement dans son régime alimentaire lorsqu'il prend de l'âge et devient un vigoureux chasseur à vue. Avant la reproduction, d'avril à juin avec des températures voisines de 15 °C, les femelles quittent leur territoire d'alimentation et de repos à la recherche des sites de fraie auxquels elles sont fidèles, et où la ponte a lieu en eau vive sur des fonds caillouteux. Elles sont rejointes par

les mâles en boutons de noce. Le chevaine peut s'hybrider avec d'autres cyprinidés, comme la vandoise, le blageon (p. 58), l'ablette (p. 96) et le grand hotu *(Chondrostoma nasus)*. Le dynamisme de ses populations et sa grande adaptabilité aux conditions du milieu, en particulier aux ressources alimentaires et au régime thermique, lui valent une réputation d'envahisseur. Elle n'est pas justifiée et témoigne simplement de sa capacité à occuper une place laissée vide par des espèces du lieu plus sensibles que lui, comme la truite (p. 34) ou la vandoise.

Absent d'Irlande, d'Écosse et du nord de la péninsule scandinave, le chevaine est présent en Europe du Portugal aux rives occidentales de la mer Caspienne. Il est partout, des rivières d'altitude aux estuaires des grands cours d'eau, supporte des eaux fraîches et peut vivre pendant un certain temps dans des eaux à température voisine de 30 °C. Sa résistance à la pollution est connue dans toute son aire de répartition. Abondant et autochtone en France, à l'exception de la Corse et de l'extrême ouest de la Bretagne, il est représenté dans les rivières du Midi par la forme *Leuciscus cephalus cabeda*. Il est très répandu dans les cours d'eau et les plans d'eau du territoire helvétique, où ses populations ne sont pas menacées.

Largement distribué dans les rivières et les plans d'eau de la montagne jurassienne, il fréquente de nombreuses stations d'habitat varié, dans une large gamme thermique où ses populations apparaissent stables et où il n'est pas rare de rencontrer plus de deux cents individus sur 10 ares.

Les pêcheurs reconnaissent en lui un vaillant combattant, mais arrivé en cuisine, sa chair riche en arêtes est peu appréciée des gourmets.

Noms populaires : cabot, meunier, juègne, chavasson.

# Goujon
## Gobio gobio (Linné, 1758)

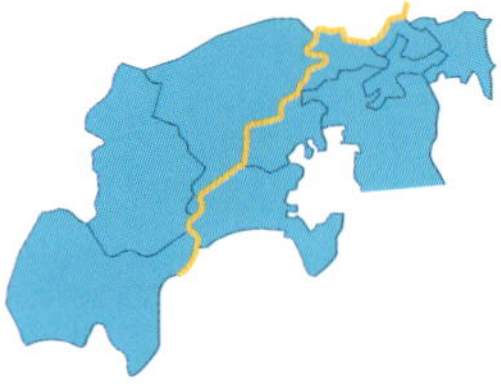

Cyprinidés

Hôte frétillant de nombreuses stations de la montagne jurassienne, ce petit poisson de 10 à 15 cm, exceptionnellement 20 cm, a une morphologie bien marquée. Le corps est rond, allongé, comme la tête aux gros yeux, au museau épais, garni de deux barbillons courts à la lèvre supérieure qui ferme la bouche, ouverte vers le bas. Le ventre aplati témoigne de la vie benthique de l'espèce. Brun verdâtre sur le dos, argentée sur les flancs et en continuité avec le ventre blanchâtre, la livrée est marquée par la présence de six à dix taches latérales plus sombres et de taille variable, et souvent d'une tache noire sur le haut de l'opercule. Les nageoires dorsale, anale et caudale, jaunâtres, sont ornées de taches noires souvent confluentes.

Le goujon se déplace en sociétés plus ou moins nombreuses, des secteurs peu profonds vers les mouilles du centre du lit, au voisinage des fonds meubles où il prélève la petite faune de fond en fouillant le substrat à l'aide de sa bouche protractile. Il émet de courts grincements de comportement social, qu'il interrompt lorsqu'il est solitaire. Au moment de la reproduction, en mai-juin, le mâle se couvre de boutons de noce sur la tête et la partie antérieure du corps.
La ponte a lieu en eau peu profonde en paquets d'œufs adhérents sur les fonds pierreux, de galets ou de sable, plus rarement sur les plantes aquatiques.

© C. Bry

Les populations les plus denses estimées peuvent atteindre cinq cents individus sur 10 ares de pêche.

© C. Bry

Il est très largement réparti dans toute l'Europe, où l'extension de son aire de répartition a été favorisée par des introductions à la fin du XIXe siècle, en Espagne et au Portugal. Il n'a pas colonisé une large partie centrale et méridionale de l'Italie et l'extrême sud de la Grèce, ainsi que l'Écosse et la quasi-totalité de la péninsule scandinave. Présent dans les trois bassins hydrographiques suisses, il est essentiellement représenté dans les sites de basse altitude et introduit dans plusieurs plans d'eau de montagne. Autochtone en France et absent de Corse, il est rare dans la zone à truite.

Sa présence dans la montagne jurassienne est centrée sur les plans d'eau naturels et artificiels et les sites à fond de graviers, où ses populations, peu abondantes, fluctuent sous la pression des rejets de l'activité humaine.

© S. Dernier

Le goujon est, dit-on, le poisson du pêcheur débutant, celui de nos souvenirs, du gamin de l'image d'Épinal, culotte retroussée, grattant de ses pieds la gravière pour en tirer le nuage de sable porteur de minuscules proies dont le frétillant raffole, tout comme il est friand du tronçon de ver rouge fixé au bout de la ligne.

Noms populaires : grougnon, nanar.

# Blageon

## Leuciscus souffia (Risso, 1826)

*Syn. latins :* **Telestes souffia,**
**Telestes agazzisi**

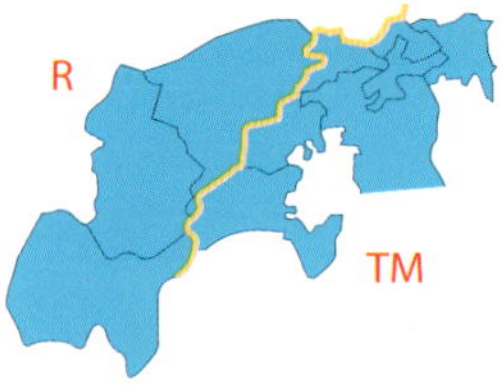


Cyprinidés

Le blageon est fréquemment confondu dans l'eau avec la vandoise (p. 60) et le toxostome (p. 52). Le dos est gris verdâtre ou bleu ardoise et les nageoires anale et ventrales, orangées à la base. Il se distingue principalement des deux espèces par la présence d'une large bande violacée luisante qui court sur les flancs de l'œil à la caudale et qui surplombe la ligne latérale jaune orange. Ces couleurs s'avivent en période de fraie. La taille dépasse rarement 20 cm et le poids 100 g.

Grégaire, il affectionne la zone à ombre, où il développe d'importantes populations pouvant atteindre trois cents individus pour 10 ares de pêche. Par beau temps, en été, dans l'eau claire des zones de remous, en bordure des rives rocheuses, le ballet incessant des bancs de blageons à l'affût des insectes tombant des arbres ou apportés par le courant est un spectacle rare. La compétition est vive au sein du groupe et les proies sont gobées par les plus rapides. Comme la truite (p. 34), il peut supporter une certaine charge organique dans les secteurs d'eau fraîche et bien oxygénée de son optimum typologique, où il atteint des tailles et des poids remarquables. La nourriture est variée et, comme le fait l'ombre (p. 68), recherchée au fond

© C. Bry

et en surface au gré de la journée et selon la disponibilité des proies. La ponte a lieu de mars à mai, sur des fonds de graviers à fort écoulement d'interstices.

En Europe, sa répartition est centrée sur les Alpes. Originaire du bassin du Danube, il a gagné les territoires septentrionaux et médians d'Italie et les bassins de la côte dalmate. En France, il s'est propagé à partir de l'est et du sud-est jusqu'à l'Hérault et plusieurs points du bassin de l'Aube. Il est absent de Corse et présent en Suisse dans les bassins du Rhin et du Rhône.

La distribution des populations de blageon de la montagne jurassienne et de ses marges forme exception au sein des réseaux hydrographiques français et suisse, où elles sont, en général, assez rares et isolées géographiquement dans certains bassins. Limitées aux secteurs les plus apicaux de la zone à ombre, ces populations apparaissent ici en continuité avec celles des Alpes et résultent de l'ancienne entrée en contact des bassins du Rhône et du Danube.

Noms populaires : soufi, souffe, sofie, soiffe, souffle, rayotte.

# Vandoise

## Leuciscus leuciscus (Linné, 1758)

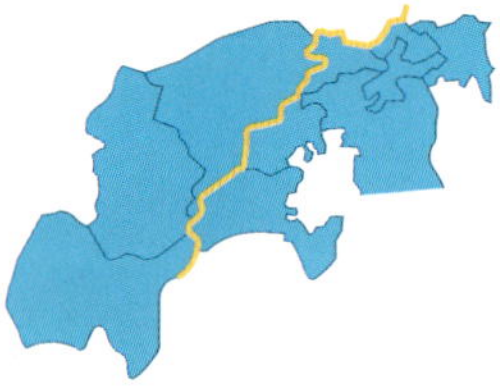

Cyprinidés

Du même genre que le chevaine (p. 54), la vandoise, plus petite et plus fine, dépasse rarement 30 cm. Le dos est gris olivâtre. La robe gris argenté, brillante sur les flancs, s'éclaircit sur le ventre, franchement blanc. La bouche est petite, légèrement infère. La vandoise est souvent confondue avec le blageon (p. 58) et le toxostome (p. 52). Elle diffère du premier par l'absence de bande latérale colorée et du second par la bouche dépourvue de lèvres cornées.

Exigeant en terme d'habitat, ce beau cyprinidé d'eau vive affectionne préférentiellement les plats assez rapides et peu profonds à fonds gravelo-sableux de la zone à barbeau. La vandoise apprécie la proximité des berges encombrées d'embâcles, où elle trouve refuge en cas de danger. On la rencontre également dans les lacs. Grégaire, elle se déplace en bancs d'une centaine d'individus et semble quitter régulièrement ses lieux de tenue, en direction de l'amont et de l'aval. Omnivore, elle adapte son régime alimentaire au cycle circadien.
Sa reproduction a lieu en mars-avril sur de longs plats à fonds de sable et de graviers, occasion pour les mâles d'arborer de nombreux petits boutons blancs sur tout le corps. Elle s'hybride fréquemment avec le chevaine. En cas de surcharge organique et de colmatage des fonds, l'espèce cède souvent la place à ce dernier et se trouve actuellement cantonnée dans des secteurs restreints, où elle constitue un bon

© C. Bry

© C. Bry

indicateur du maintien de la qualité de l'eau et des fonds. En situation optimale, ses populations peuvent contenir jusqu'à deux cents individus sur 10 ares, densité rarement mesurée actuellement dans l'arc jurassien. Sa réapparition dans des secteurs épurés de leurs eaux usées en fait un excellent marqueur de la restauration de la qualité de l'eau.

À l'exception de la Norvège, de l'Écosse et de l'est de l'Irlande, elle est présente dans toute l'Europe, du nord des Pyrénées et des Alpes jusqu'en Sibérie. Elle est commune dans toute la France, plus rare dans le sud-ouest, où elle est remplacée par la vandoise rostrée *(Leuciscus leuciscus burdigalensis)* et également moins fréquente dans le sud-est. Présente en Suisse dans les bassins du Rhin et du Rhône – réseau hydrographique du Doubs –, elle est signalée en altitude dans plusieurs lacs à la suite d'introductions accidentelles.

© S. Dernier

Dans la montagne jurassienne, sa distribution est disparate. Elle est liée à l'influence des plans d'eau, comme à l'amont et à l'aval du lac de Saint-Point (F-Doubs), dans le Doubs frontalier et à l'aval du Clos-du-Doubs (CH-Jura). Elle pouvait être très abondante sur ces secteurs, où l'importante régression, voire l'éradication actuelle, de ses populations témoigne de la grande sensibilité de l'espèce à l'altération de la qualité des eaux.

# Vairon

## Phoxinus phoxinus (Linné, 1758)

*Syn. français :* **Véron**

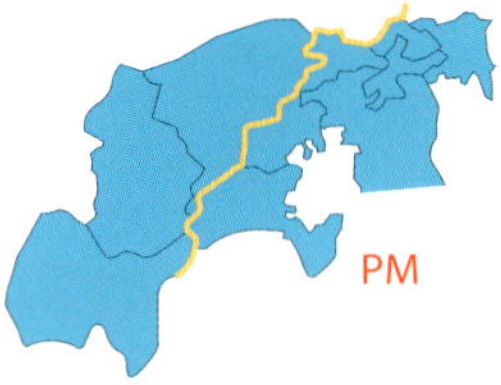

© C. Bry

© C. Bry

Cyprinidés

Petite espèce de 15 cm de taille maximale, aux couleurs contrastées, vert olivâtre sur le dos, aux flancs rayés de noir et au ventre gris brillant, le vairon tire son nom de la parure de noce du mâle marquée par des taches rouge vif sous la mandibule et à la base des nageoires pectorales et anale. La femelle est en général plus grande que le mâle.

En rivière, il accompagne la truite (p. 34) à la suite de la loche (p. 64) et du chabot (p. 38). Il est plus rare dans les lacs. Préférant les eaux claires des secteurs plus profonds à fonds pierreux, il se déplace en bancs très mobiles et parfois très denses. Il constitue à ce moment une proie très prisée par les truites adultes. Omnivore vorace, le vairon est en recherche incessante de nourriture et adapte son large régime alimentaire aux circonstances saisonnières. La reproduction a lieu de mai à juin sur un fond de graviers peu épais et propre, en eau peu profonde et faiblement courante, où chaque femelle pond environ cinq cents œufs. Ses importantes fluctuations de population pourraient révéler une sensibilité particulière à certaines pollutions, mais elles demeurent fréquemment inexpliquées.

© C. Bry

Très commun dans toute l'Europe à l'exception du sud des pays du pourtour méditerranéen, du nord et de l'est de la péninsule scandinave, il s'étend vers l'est jusqu'à l'Oural. Autochtone en France, il est également présent dans toute la Suisse où, à des altitudes supérieures à 800 m, sa présence en rivière se raréfie au profit des populations lacustres.

L'abondance de populations de la montagne jurassienne pouvait compter anciennement plus de mille cinq cents individus sur 10 ares de rivière, dans les successions de petits profonds pierreux riches en nourriture. Ces valeurs sont beaucoup moins fréquentes dans les relevés actuels et témoignent d'une sensibilité particulière due à l'altération de la qualité de ses lieux de vie.

Aisément capturable à la ligne, il fait la joie des pêcheurs en herbe et sert fréquemment de vif pour la pêche aux carnassiers. Le braconnage à la bouteille à des fins commerciales illicites constitue, dans certains secteurs, une menace certaine pour le maintien de la population locale.

Un poisson de laboratoire
Le savant autrichien von Frisch a utilisé le vairon pour ses études sur la compétition intraspécifique, l'ouïe et l'olfaction des poissons. Il a montré, parmi d'autres résultats, qu'un vairon blessé par un prédateur émet dans l'eau une substance d'« effroi » qui alerte ses congénères du groupe et provoque leur fuite.

Noms populaires : arlequin, verdelet.

# Loche franche

## Barbatula barbatula (Linné, 1758)

*Syn. latin :* **Noemacheilus barbatulus**

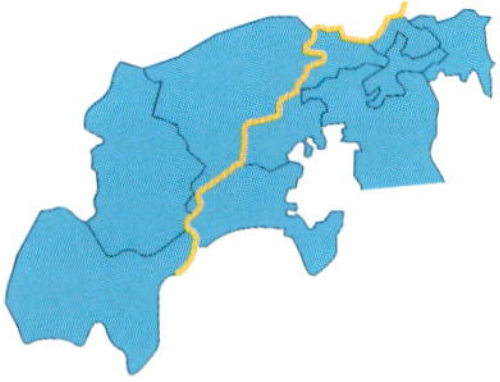

Balitoridés anciennement Cobitidés

Ce petit poisson de 10 à 12 cm est, avec le chabot (p. 38) et le vairon (p. 62), une espèce typique des rivières à truite. Le corps est allongé, recouvert d'écailles minuscules ; la tête, large et aplatie, offre une bouche garnie de trois paires de barbillons, les deux plus longs situés à la commissure des lèvres. Ces filaments au port de moustache ont donné son nom à l'espèce. De teinte générale brune, variable selon les stations, la livrée est éclaircie de jaune sur les flancs et marquée de nombreuses taches vermiculées. Le ventre est clair. Le deuxième rayon des pectorales est plus long et plus large chez le mâle.

De mœurs nocturnes et étroitement inféodée aux fonds pierreux où elle se dissimule, comme le chabot, la loche franche affectionne les secteurs peu profonds où elle se nourrit de nombreuses petites proies animales et particulièrement de larves de diptères chironomides.

Sur ces secteurs, la truite (p. 34) est son principal prédateur. La ponte a lieu d'avril à juin sur fonds de graviers et de sable, parfois au voisinage des plantes aquatiques, certaines femelles gardant la ponte. La loche franche s'accommode d'une forte charge organique et peut même proliférer sur des secteurs soumis à des rejets de ce type, dans des conditions de courant, de substrat et d'oxygénation optimales. Elle tire cette résistance de sa capacité à respirer l'oxygène de l'eau par le pharynx.

© C. Bry

Les Allemands la nomment, pour cette raison, « poisson baromètre ». La présence de produits toxiques dans le fond des cours d'eau compromet sévèrement le maintien de ses populations dans certains secteurs de la montagne jurassienne, où elle apparaît sensible à la présence de produits de traitement des bois résineux dans le bioderme du fond des cours d'eau.

© C. Bry

Autochtone d'Europe occidentale et centrale, son aire de répartition s'étend du sud de la Suède au nord de l'Espagne et, à l'est, jusqu'en Sibérie occidentale. Elle est très fréquente en Suisse et présente partout en France, à l'exception de la Corse.

Dans la montagne jurassienne, ses populations font suite au chabot en accompagnement de la truite fario et atteignent des densités optimales voisines de deux mille individus sur 10 ares, dans de longs secteurs courants de faible profondeur, riches en nourriture benthique.
L'espèce ne bénéficie pas de protection particulière. Cependant, ses déplacements sont perturbés par les ouvrages et les altérations physiques qui menacent ses aires de reproduction dans les ruisseaux les plus ténus du chevelu amont de la montagne jurassienne.

© C. Bry

Noms populaires : moutelle, motelle.

# Saumon de fontaine

## **Salvelinus fontinalis** (Mitchill, 1815)

*Syn. français :* **Omble de fontaine, Saumon des fontaines**

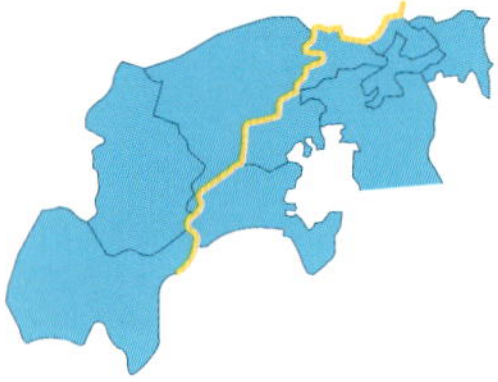

Salmonidés

Le saumon de fontaine, espèce des sources, se distingue des « cousins » de la famille par son dos arqué, une livrée très vive et le liseré blanc frangé de noir du bord antérieur des nageoires inférieures.

Le saumon de fontaine, rarement signalé en lac, affectionne les eaux fraîches des zones sommitales des cours d'eau, où il recherche activement, plutôt la nuit, les plus grandes larves d'insectes aquatiques. La reproduction automnale est étroitement apparentée à celle de la truite (p. 34).

Originaire du nord-est de l'Amérique du Nord, ce saumon a été introduit en France et en Suisse avec la truite arc-en-ciel (p. 67), au XIX$^{e}$ siècle.

Les sujets signalés de la montagne jurassienne n'atteignent jamais de grandes tailles (30 cm pour 500 g), relativement aux dimensions mesurées dans le pays d'origine (50 cm pour 4 à 5 kg). L'espèce, signalée par J. Verneaux en 1973, à l'aval de Mouthe (F-Doubs) et dans le Drugeon, à la confluence du ruisseau de Combe-Levier (F-Doubs), a disparu de ces deux stations. Sa courte vie (cinq ans), un régime alimentaire moins large que celui de la truite et sa plus faible résistance à la pollution sont à l'origine de sa répartition très incertaine dans les cours d'eau de la montagne jurassienne. Comme toutes les espèces sensibles, il a payé le prix fort du développement et de l'évolution des techniques dans cette région.

© L. Fauron

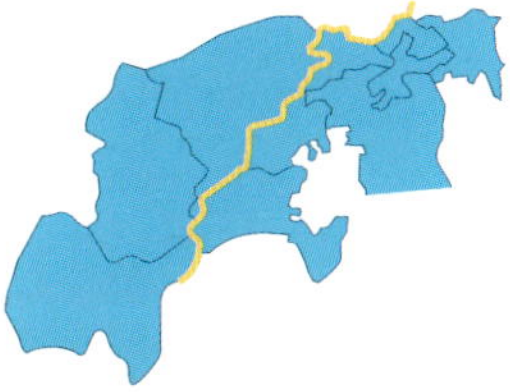

## Truite arc-en-ciel

**Oncorhynchus mikiss** (Walbaum, 1792)

*Syn. français :* **Truite américaine**

*Syn. latins :* **Salmo gairdneri, Salmo irideus**

© C. Lemmel

© C. Lemmel

Salmonidés

Espèce cosmopolite à l'échelle mondiale, la truite arc-en-ciel est légèrement plus fuselée à l'âge adulte que la truite commune (p. 34). Sa tête est plus petite, sa bouche moins largement fendue et la marge postérieure de sa nageoire caudale légèrement plus échancrée. Une bande allongée brillante est présente sur les flancs. La robe est bleutée, nettement irisée et argentée sur le ventre et la tête. La ponctuation noire des flancs et de la nageoire dorsale est souvent étendue aux nageoires paires et à la tête. Les écailles sont petites mais visibles. La taille dépasse rarement 40 cm pour un poids moyen de 3 kg dans nos contrées, alors qu'elle peut atteindre 1 m pour 10 kg dans le pays d'origine de l'espèce.

L'arc-en-ciel est carnivore, très vorace, et se nourrit activement en journée d'une large gamme de proies.

Originaire d'Amérique du Nord, l'espèce, introduite en France en 1879, est le salmonidé d'élevage par excellence. Bien représentée dans les eaux fraîches des rivières et des lacs, sa reproduction semble cantonnée à de rares sites montagnards. Acclimatée et fréquente dans toute la Suisse, elle est introduite dans des plans d'eau de haute altitude.

Son extension dans la montagne jurassienne est essentiellement due aux évasions de piscicultures et aux introductions volontaires à l'occasion d'alevinages ou de déversements de poissons surdensitaires à des fins halieutiques. Elle ne s'y reproduit pas.

Nom populaire : truite portion.

# Ombre commun

## Thymallus thymallus (Linné, 1758)

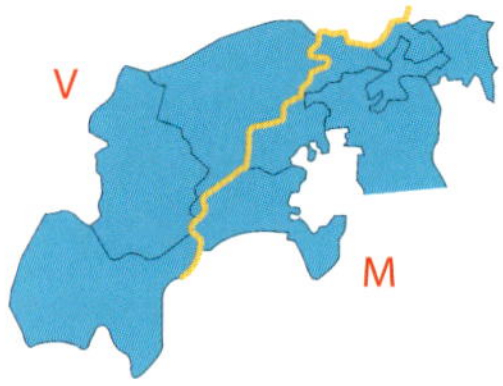


Thymallidés

Proche voisin de la truite (p. 34), l'ombre est un des plus beaux poissons de la montagne jurassienne. Il tient son nom scientifique du parfum de thym de sa chair. Anciennement rangé dans la famille des salmonidés, au sein de la sous-famille des thymallinés, il partage avec eux la présence d'une petite nageoire adipeuse derrière la dorsale. Le corps, fusiforme, légèrement bombé, porte une ample nageoire en étendard dorsal irisé, souvent rabattue en arrière sur le dos. La teinte générale est gris verdâtre à gris bleuté, sans rupture entre le dos et les flancs, argentés ou dorés, ponctués de noir et garnis de rangées d'écailles très régulières. La bouche est petite. La pupille, en pointe étirée vers l'avant et cerclée d'or, donne à l'espèce une très bonne vision vers le haut et fait de l'ombre un excellent moucheronneur. Le rapport taille/poids se situe entre 30 et 40 cm pour 500 g, les observations conduites aux marges de la montagne faisant état, dans le Dessoubre (F-Doubs) notamment, de sujets de 55 cm pour 1,5 kg. Ces valeurs rapprochent les hôtes du réseau hydrographique franc-comtois des ombres de 2 kg d'Europe centrale.

Habitant typique des secteurs ouverts à ample alternance de seuils et de calmes des moyennes et grandes rivières, l'ombre remplace progressivement la truite dans la succession longitudinale des espèces zonales repères de la faune piscicole. Il se déplace en bancs de taille et de nombre assez régulièrement proportionnés avec l'âge, sur les vastes platis courants qu'il affectionne. En grandissant, il fréquente les profonds, sans présenter, comme la truite, un comportement de tenue fixé. Il se nourrit à la fois au fond, où il prélève la petite faune des colonies de mousses des nassis, et en surface, où il vient s'alimenter en période chaude et lors des éclosions d'insectes à larve aquatique. La reproduction a lieu au printemps, toujours dans le lit principal, le choix des frayères par les géniteurs répondant à des critères très précis.

Au cours de l'acte nuptial, spectaculaire et bruyant, les mâles fortement colorés arrivent les premiers sur la frayère, les dominants repoussant leurs congénères vers les lieux de reproduction moins favorables. Les femelles, venant du fond, les rejoignent pour l'appariement. Enveloppées par la nageoire dorsale du mâle, elles enfoncent avec lui la partie postérieure du corps dans les graviers, où sont émis les œufs et la laitance. Souvent, un petit mâle vient se joindre activement au couple pour féconder les œufs. Il arrive fréquemment que certains d'entre eux, généreux et impatients, affichent un comportement homosexuel ou courtisent un barbeau (p. 48) venu fouiller le gravier à la recherche de nourriture.

© S. Dernier

Œufs au stade œillé

© S. Dernier

Éclosion d'un alevin

© S. Dernier

Jeunes ombres

© S. Dernier

L'histoire de la répartition de l'ombre, originaire du bassin du Danube, vers les territoires jurassiens remonte au Pliocène inférieur, sa progression vers l'ouest étant plus récente, morcelée et liée aux travaux hydrauliques du XVIIe siècle. Présent en France dans les hauts bassins de la Loire, de la Seine et du Rhône, il est typiquement réparti en Europe de l'Est dans les bassins rattachés à la mer du Nord, à la Baltique, à la mer Noire et à la mer Blanche.
L'ombre est fréquent dans toute la Suisse, mais ses populations y ont notablement régressé au cours des dix dernières années. Sa remontée vers les têtes de bassin témoigne du réchauffement naturel général des eaux, dont l'impact est renforcé par de nombreuses activités humaines. Le colmatage des fonds par les dépôts polluants et les développements algaux printaniers précoces sont, pour une large part, à l'origine de la réduction des populations dans les cours d'eau européens et en particulier dans les rivières du Jura.

© D. Pépin

Dans la montagne jurassienne, l'ombre est, avec la truite, l'espèce la plus recherchée de la portion aval du Doubs frontalier, où l'un de ses territoires d'élection est centré sur le Moulin-du-Plain, entre Goumois (F-Doubs) et Clairbief (CH-Jura).

© C. Bry

Un poisson de sport

L'ombre fait l'objet auprès de pêcheurs d'un intérêt voire d'une vénération toute particulière.

Le sommet de l'art demande une canne à mouche légère, une soie naturelle et un bas de ligne arachnéen propulsant une mouche sèche artificielle minuscule sur le gobage. Souvent, chez le Pierre, au pré Bourassin, le pêcheur choisit son poisson, remis à l'eau avec précaution aussitôt après la prise. Une exception à cette règle, lorsque petite Marie ou son cousin Florian veulent goûter au parfum de la rivière et que deux poissons rejoignent les cuisines par la grâce d'un fouet d'élégante précision. De beaux ouvrages halieutiques et de nombreuses revues de pêche consacrent leurs pages à l'ombre, à sa pêche et à ses plus prestigieux lieux de vie. Les rivières jurassiennes en font partie.

Noms populaires : ombre de rivière, ombret, ombrette.

# Épinoche
## Gasterosteus aculeatus (Linné, 1758)

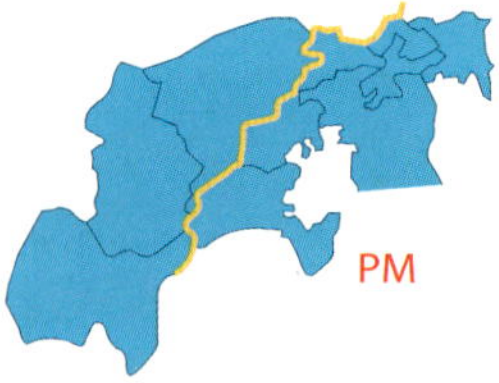

© C. Bry

© E. Vigneux

Gastérostéidés

Ce petit poisson tire son nom latin et ses appellations vernaculaires de la morphologie propre à la famille des gastérostéidés, marquée par la présence de plaques osseuses latérales et ventrales et d'épines dorsales, espacées et mobiles, généralement au nombre de trois. Les nageoires dorsale et anale – cette dernière précédée d'une épine courbée vers l'arrière – sont à rayons mous et bord rectiligne, en disposition symétrique en avant d'un fin pédoncule caudal prolongé par une dorsale en pinceau régulier à bord postérieur très légèrement concave. Deux épines ventrales disposées sous les pectorales remplacent les nageoires ventrales. La taille dépasse rarement 10 cm, pour 10 à 20 g. Les femelles sont plus grandes que les mâles. La teinte, généralement brun verdâtre, grisée de bleu et de vert, est ponctuée de noir sur le dos. La couleur gris argenté des flancs s'étend à l'opercule, à la joue, à la mâchoire inférieure et au ventre plus blanc. Les bandes transversales sombres des jeunes disparaissent avec l'âge.

L'épinoche est grégaire et affectionne les secteurs lents des cours d'eau riches en végétation aquatique. On la dit irascible et prête à engager de vifs combats avec ses congénères. Vorace, carnassière et gloutonne, elle se nourrit de proies benthiques ou de pleine eau et présente un cannibalisme marqué pour ses propres œufs, comportement reconnu comme facteur de régulation des populations. La reproduction a lieu du printemps au début de l'été en eau peu profonde. Le mâle se pare de couleurs vives, éclatantes chez les dominants, rouge orangé sur le ventre, du maxillaire inférieur à la nageoire anale, et à reflets métalliques sur les flancs. Il construit un nid

© C. Bry

de débris végétaux assemblés en tunnel par un mucus sécrété par les reins. Polygame, il engage une parade nuptiale en exposant son ventre à la vue des femelles, qui viennent successivement, parfois forcées, pondre chacune quelques centaines d'œufs dans le nid, qu'il surveille avec la plus grande vigilance et défend vaillamment contre tout intrus. Après avoir fécondé les œufs, de trois cents à mille suivant le nombre de pontes, il chasse les femelles et poursuit sa surveillance parentale en éventant les œufs jusqu'à l'éclosion des alevins, qu'il garde au nid pendant plusieurs jours.

Largement répandue en Europe, l'épinoche est rare en altitude, sporadique en Espagne et absente des bassins orientaux de la péninsule scandinave. Certaines formes fréquentent indifféremment les eaux douces, saumâtres et salées. Autochtone et présente dans tous les bassins hydrographiques français, elle est absente de Corse. Rare en Suisse, elle a colonisé de façon très sporadique une large partie du bassin du Rhône à partir de la région bâloise.

On doit sa présence dans la montagne jurassienne à son signalement régulier de 1990 à 1996 dans l'Orbe, entre Vallorbe et Orbe (CH-Vaud), et à de capricieuses échappées en provenance du Léman dans les hauts affluents du bassin genevois.

Noms populaires : cordonnier, épinglet, céritte, crève-valet, dorselet, épinard, estancelin, étrangle-chat, fricasse, savetier.

# Sandre

## **Stizostedion lucioperca** (Linné, 1758)

*Syn. français :* **Perche-brochet**
*Syn. latins :* **Sander lucioperca, Lucioperca lucioperca**

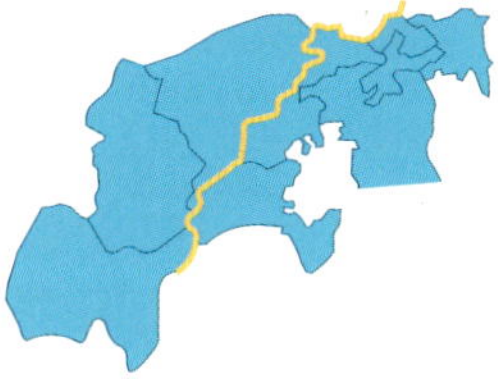

Percidés

Superbe poisson dont l'aspect surprenant tiré du mélange de caractères du brochet (p. 108) et de la perche (p 120) a forgé son nom d'espèce. Du premier, il a la forme élancée, fusiforme, la tête allongée et le museau pointu, la bouche largement fendue à dentition prononcée, nettement visible de l'extérieur, sur le bord des maxillaires. De la seconde, il a les deux dorsales séparées par un petit espace, l'antérieure à rayons épineux, la postérieure à rayons épineux et mous en mélange, le rapprochement vers l'opercule, des nageoires pectorales et ventrales et la présence de bandes transversales plus foncées sur les flancs. La robe, gris verdâtre sur le dos, nettement plus claire sur les flancs et le ventre, est soulignée de reflets métalliques légèrement bleutés. L'attache des nageoires pectorales et ventrales et la base de l'opercule peuvent être marquées de rose. Le mâle prend une teinte sombre à l'approche de la reproduction. La taille moyenne se situe au voisinage de 50 cm pour un poids voisin de 1 kg. La littérature fait état de sujets de plus de 1 m pour un poids proche de 10 kg.

Le sandre est grégaire. Il chasse en bande en fin de journée et la nuit et couvre alors d'importants territoires. Vorace, il chasse les petits poissons à l'affût et en poursuites très rapides en eau libre d'obstacle. La reproduction a lieu d'avril à juin,

© C. Bry

© C. Bry

après de longs trajets de recherche de frayères, sous environ 2m d'eau peu courante, sur des fonds sableux. Le mâle, très agressif lors de la ponte, aménage pour sa compagne un nid rudimentaire dont il assurera la garde et l'entretien. Sa vision particulière en fait un pêcheur en eaux troubles sur des secteurs abandonnés par le brochet et la perche, plus exigeants sur la transparence de l'eau. Cela a longtemps fait croire qu'il les chassait de leur territoire ; en fait il occupe un habitat laissé vide.

Originaire d'Europe centrale et orientale, il présente une distribution étroitement apparentée à celle de la grémille (p. 76). Il est arrivé en France des provinces de l'Est, par le canal de la Marne au Rhin, et dans le Doubs en 1915 par le canal du Rhône au Rhin. Comme patron Philibert, le héros de Bernard Clavel, il a descendu la Saône et le Rhône en direction du Vacarès. Présent, depuis le début de la seconde moitié du XX$^{e}$ siècle, dans les bassins de la Seine, de la Loire, de la Garonne et les fleuves côtiers de la Manche, il est régulièrement recensé en Suisse dans les bassins du Rhin et du Pô. Il semble qu'il n'ait pas encore colonisé le bassin du Rhône, où il est signalé exceptionnellement du fait d'apports artificiels isolés.

La mention de sa présence dans le cours inférieur du Drugeon (F-Doubs) a toujours été fortement contestée par les habitants de la vallée. Peu mentionné dans la montagne jurassienne, il était présent en 1979 dans le lac de Saint-Point (F-Doubs) en quantité notable. Son absence dans les prospections plus récentes en 1992 et 2002 semble signer l'échec de son introduction. Il a été inventorié en très petite quantité dans la retenue de Moron (F-Doubs et CH-Neuchâtel).

# Grémille

## Gymnocephalus cernuus (Linné, 1758)

*Syn. français :* **Acérine cernuée, Grémille commune**

*Syn. latin :* **Acerina cernua**

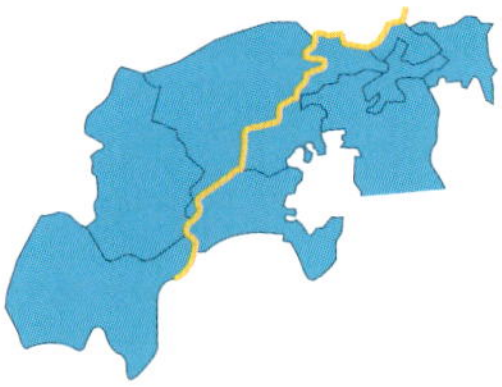

Percidés

L'absence d'écailles au voisinage de la tête vaut son nom de genre à ce petit poisson de forme apparentée à celle de la perche (p. 120). Le corps, comprimé vers l'arrière bombé, d'où le nom d'espèce, est plutôt arrondi à l'avant. Les écailles cténoïdes sont petites et fortement ancrées dans la peau. La nageoire dorsale unique est composée de deux parties différentes dont deux tiers antérieurs hauts, à douze-seize rayons épineux, les deux premiers plus courts. Le tiers postérieur rassemble environ quinze rayons mous plus serrés et terminés en fourche. Plusieurs épines garnissent le bord postérieur de l'opercule. La coloration, caractéristique, rappelle celle du goujon (p. 56) : tons bruns dominants, verdâtres et marqués de roux, elle est semée de mouchetures noires sur les flancs et sur les nageoires dorsale et caudale. La taille ne dépasse pas 20 cm, ce petit poisson atteignant rarement cinq ans d'âge.

Hôte des eaux calmes à faiblement courantes, la grémille vit en petits groupes voraces et se nourrit aux dépens de la petite faune des fonds de sable et de graviers, qu'elle repère à l'aide de lignes d'écailles sensitives sur les faces latérales de la tête. Elle se nourrit parfois des œufs d'autres espèces de poissons et fréquente les eaux profondes en hiver.

© C. Bry

La reproduction a lieu au printemps (avril-mai), dans des eaux à 10-15 °C, sur des fonds de graviers où les femelles déposent leurs œufs en cordons ou en rubans qui se fixent sur les supports dressés ou les pierres.

Originaire du bassin du Danube, la grémille a colonisé une large partie du continent européen de la France à l'Oural. Elle est absente de la péninsule Ibérique, de l'Italie, de la Grèce et des bassins de la côte dalmate. Sporadique au sud-ouest de l'Angleterre et de l'Écosse, elle est absente du nord-est de la péninsule scandinave. Signalée pour la première fois en France en 1777, en Franche-Comté en 1810 par Girod de Chantrans, avant la construction des barrages, et plus tard par E. Olivier en 1882 dans le Doubs et l'Ognon, elle est absente de Corse, des bassins fluviaux de la façade atlantique, à l'exception de la Dordogne, de la Garonne, où elle a été introduite. Depuis deux décennies, la grémille étend son extension en Suisse dans les bassins du Rhône et du Rhin et peut pulluler dans les plans d'eau.

Exceptionnelle dans la montagne jurassienne, elle figure dans les anciens inventaires de la retenue de Biaufond (F-Doubs, CH-Neuchâtel et Jura) sur le Doubs et apparaît commune dans les derniers relevés effectués dans la retenue de Moron (F-Doubs et CH-Neuchâtel), à l'aval du saut du Doubs.

Noms populaires : goujon perchat, perche goujonnière, baveux, chagrin.

# Apron du Rhône

**Zingel asper** (Linné, 1758)

*Syn. latin :* **Aspro asper, Aspro vulgaris**

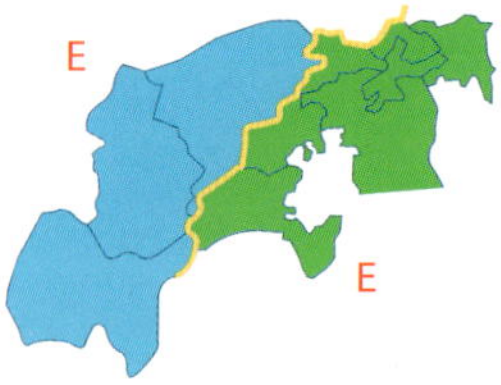


Percidés

Petit poisson à corps très élancé, arrondi, à écailles rugueuses qui lui ont valu son nom, à tête élargie et aplatie, l'apron évoque le chabot (p. 38) en vue dorsale. Le pédoncule caudal est long et mince, la bouche ventrale sous un museau allongé est garnie de dents sur les deux mâchoires. Les deux nageoires dorsales sont nettement séparées, la première à huit à quinze rayons épineux, la seconde à huit à dix rayons mous à terminaison bifide. En général brun jaunâtre, plus foncée sur le dos, la robe est marquée sur les flancs par quatre ou cinq bandes foncées plus ou moins obliques et fragmentées et élargies vers le dos. Le ventre est blanchâtre. Ce discret cousin de la perche, à la biologie peu connue, dépasse exceptionnellement 20 cm pour un poids maximal de 100 g.

L'apron vit en solitaire, camouflé le jour sur les fonds pierreux. Actif la nuit, il se déplace au fond à la recherche de la petite faune de fond et de jeunes poissons, en roulant ses yeux indépendants, mobiles et garnis d'une petite membrane réfléchissant le rayon de lumière incidente à 45°. Cette particularité permet d'effectuer des comptages précis de ses populations par échantillonnage nocturne à la lampe frontale. Il affectionne les eaux claires bien oxygénées et les fonds propres et se reproduit en mars-avril, sur les pierres ou parmi la végétation, dans une eau entre 6 et 14 °C. Ses œufs sont très sensibles au colmatage.

© C. Bry

Poisson mythique, rare, peu visible, discret, l'apron a été signalé au XIXe siècle dans les eaux comtoises par l'écrivain naturaliste jurassien Cuvier. Très exceptionnellement capturé lorsque les autres poissons ne mordent pas à l'hameçon, ce qui lui vaut son nom de sorcier, il est en nette régression dans son seul espace mondial de vie, le bassin du Rhône, où ses populations regroupent actuellement deux à quatre mille individus. Il est présent dans la Durance et dans la Baume ardéchoise.

© M. Prochàzka

Dans le Jura, il témoigne du lien ancien entre les bassins du Rhin et du Rhône, sur le linéaire de la boucle suisse du Doubs, à l'amont de Saint-Ursanne (CH-Jura). Oublié, on l'a même cru pendant longtemps disparu de la zone à ombre des rivières comtoises quand des prospections nocturnes pratiquées récemment sur la moyenne Loue aux environs de Quingey (F-Doubs) ont révélé l'existence de populations très localisées, relativement denses, qui ont permis d'inscrire ce secteur dans la deuxième version d'un programme européen Life Nature de conservation de l'espèce et de son habitat.

Au sein de la liste rouge nationale, avec l'esturgeon européen, l'apron fait partie des espèces en danger d'extinction en France et en Suisse. Il figure également dans les annexes II, IV et V de la directive européenne Habitats-Faune-Flore, comme une espèce d'intérêt communautaire à inscrire dans une zone de protection spéciale et devant bénéficier d'une protection stricte.
Il fait enfin partie de la liste des espèces strictement protégées de l'annexe II de la convention de Berne.

© M. Prochàzka

Noms populaires : roi du Doubs, sorcier, anadèle, dauphin, tambour.

# Lézard vert occidental

## Lacerta bilineata (Daudin, 1802)

*Syn. français :* **Lézard vert**

*Syn. latin :* **Lacerta viridis bilineata**

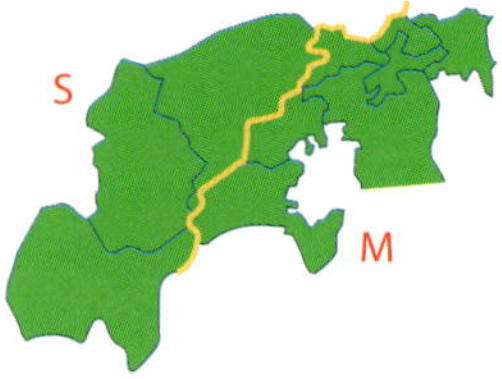

© H. Pinston

Lacertidés

Atteignant souvent 35 cm, dont les deux tiers pour la queue, ce qui lui confère une silhouette élancée, le lézard vert est le plus grand (hors l'orvet, qui est un lézard) parmi les cinq lézards de la montagne jurassienne. Le mâle possède des pattes postérieures puissantes et une tête massive. La femelle est souvent moins longue et surtout plus gracile. Elle présente en général une robe verte ou vert-jaune, unie ou parfois ponctuée de noir, avec de chaque côté une ligne latérale et une autre dorso-latérale blanchâtre plus ou moins continues. Le mâle montre un vert vif, parfois émeraude, souvent ponctué ou réticulé de noir. Lors de la période printanière de reproduction, on observe facilement sa belle gorge bleue. Dans ses premiers mois, le jeune lézard vert (7 à 9 cm) est bien différent de l'adulte : il arbore une robe unie brun satiné, la gorge et le bas de la tête étant vert clair.

© H. Pinston

La répartition du lézard vert correspond à un compromis subtil entre chaleur élevée et humidité moyenne. Il fréquente les endroits ensoleillés offrant à la fois des zones herbacées plus ou moins rocailleuses et des secteurs broussailleux. Ces derniers lui assurent l'abri face aux prédateurs et aussi le couvert lors des chaleurs estivales trop sèches. Si, au bord d'un chemin doublé d'une haie, on entend soudain une fuite bruyante dans l'herbe sèche, souvent en plusieurs phases nettement séparées, il faut redoubler d'attention et après quelques minutes le regard découvrira un beau lézard vert qui,

lui, avait vu l'observateur depuis le début, la tête légèrement penchée, l'œil parfois mi-clos, prêt à décamper, mais économe de son énergie.

Le lézard vert occidental fréquente le nord de la péninsule Ibérique, l'ouest de l'Allemagne, l'Italie, la plus grande partie de la France continentale (la Haute-Saône étant traversée par la limite d'aire), ainsi qu'une partie méridionale de la Suisse (Valais et Tessin en particulier). Assez commun à basse et moyenne altitude en France, il atteint 1 500 m dans le Midi de la France et 2020 m au Tessin suisse.

Le lézard vert est assez localisé dans la montagne jurassienne. Il n'est pas connu aux altitudes élevées dans le département du Doubs, où il atteint environ 500 m sur les hauts de pentes ensoleillées de la moyenne vallée de la Loue. Il a en revanche été trouvé à Coiserette (F-Jura), à 800 m sur une pente rocailleuse annexe de la vallée de la Bienne, secteur bien occupé dès le fond de vallée. Le lézard vert ne monte pas haut sur les pentes orientales des monts Jura : 620 m à Thoiry (F-Ain). À l'ouest, il occupe certains points bas de la vallée de la Valserine à Confort, Lancrans et Montanges (F-Ain). Il est très localisé dans le haut Bugey (F-Ain).

Noms populaires : verdereau, liza (F-Jura).

# Lézard des murailles

## Podarcis muralis (Laurenti, 1768)

*Syn. français :* **Lézard gris**

*Syn. latin :* **Lacerta muralis**

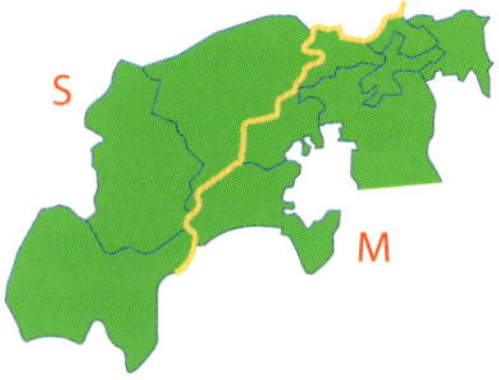

© E. Craney

© H. Pinston

Lacertidés

La silhouette élancée, le corps mince et plat du lézard des murailles le distinguent d'emblée du lézard vivipare (p. 134) et du lézard agile (p. 152), tous deux plus trapus. Sa longueur est proche de 20 cm, dont plus des deux tiers pour la queue effilée (assez souvent cassée). Les pattes sont fines avec des doigts grêles et griffus. La tête est plate et allongée. Le motif dominant et l'allure, différents suivant le sexe, sont les suivants dans la région. La femelle a la tête plus fine mais la queue plus courte, ses flancs sont ornés d'une large bande brun foncé à noir délimitée en haut et en bas par une ligne claire. Le dos est soit uni gris, beige à brun (voire verdâtre), soit porteur d'une ligne médiane de traits ou taches noirs. Le mâle a les flancs plus ou moins densément réticulés de noir sur fond gris à brun quelquefois mêlé de blanc. Le dos montre soit une extension de ce réseau, soit des mouchetures noires parfois alignées en une à trois bandes. Le ventre jaune, orange ou rouge brique, avec ou sans marques noires, devient plus coloré chez le mâle en période de reproduction, ses flancs pouvant présenter des petites taches bleu ciel.

En montagne, ce lézard est associé à l'origine aux pentes d'éboulis et aux blocs rocheux des pelouses de versants ensoleillés, aux corniches et aux lapiez. Ces biotopes naturels sont parfois isolés en contexte forestier. Différents types de milieux artificiels, même petits, peuvent être colonisés par cette espèce très adaptable, mais leur fréquence d'occupation régresse avec l'altitude : anciennes carrières, voies ferrées, ponts, vieux murs et ruines, bâtiments en pierre. Sa préservation dans les villages passe par celle des

© D. Pépin

murets de pierre sèche. Familier, ce lézard s'accommode bien de la présence humaine, mais souffre de la prédation par les chats domestiques.

Le lézard des murailles est présent du centre de l'Espagne au sud de la Belgique et des Pays-Bas, puis vers l'est jusqu'à la mer Noire. Au nord-est, il arrive au centre de la Slovaquie. Il atteint le sud de l'Italie et de la Grèce. En France continentale, il est commun du bord de mer (et îles atlantiques) à 2500 m d'altitude environ dans les Pyrénées. En Suisse, il est surtout observé dans le massif jurassien, la région lémanique, le Valais (où il atteint 2200 m) et le sud des Alpes.

Dans les départements du Jura et du Doubs, il est encore assez commun vers 800 m d'altitude (bien qu'absent du bassin du Drugeon, zone de vastes marais tourbeux), puis il devient sporadique jusque vers 1 000 m, une dizaine de stations seulement étant connues au-delà (le maximum connu est à 1 333 m à Lamoura, F-Jura). Plus au sud, il est présent jusqu'à 1 250 m au-dessus de Thoiry (F-Ain). Dans la partie suisse, il est connu à 1 290 m dans le Jura soleurois, mais sa distribution montre des lacunes notables dans certains secteurs froids des Franches-Montagnes (CH-Jura), du Jura neuchâtelois et du Jura vaudois.

# Couleuvre verte et jaune

## Coluber viridiflavus Lacepède, 1789

*Syn. latins :* **Hierophis viridiflavus, Zamenis viridiflavus**

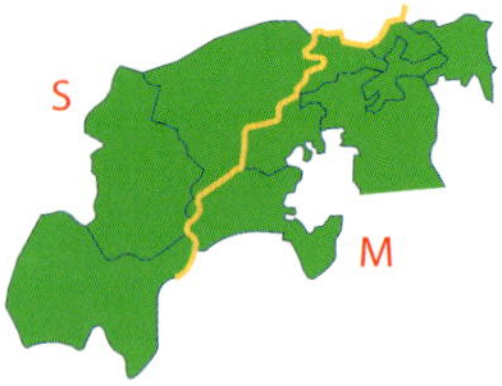


Colubridés

Cette couleuvre longue (de 1,20 m à 1,40 m, rarement plus) et mince, aux écailles lisses, montre un fort contraste entre un fond vert foncé à noir bleuté et la couleur jaune vif (ou jaune pâle) des mouchetures et traits formant des lignes parallèles discontinues. Le ventre est blanchâtre à jaunâtre. Le jeune individu a en revanche le corps gris uni avec sur le dessus sombre de la tête le motif caractéristique de petits points et traits jaunes rencontré chez l'adulte.

Elle révèle une forte capacité d'adaptation et fréquente des milieux variés, en général herbeux, broussailleux, rocailleux et plutôt secs (différence avec la couleuvre d'Esculape, p. 85). Sa vélocité est grande et souvent, seule sa fuite bruyante trahit sa présence.

Ce serpent est présent dans le nord de l'Espagne, la majeure partie de la France, le sud de la Suisse (Tessin surtout, Genève et ponctuellement dans le Valais), l'Italie, l'ouest de la Slovénie et sur la côte nord de la Croatie.

La couleuvre verte et jaune occupe un peu plus souvent que la couleuvre d'Esculape les vallées et versants entaillant le sud de la montagne jurassienne. Ainsi, elle est connue dans la vallée de la Bienne (jusqu'à Villard-sur-Bienne, F-Jura) et se rencontre en quelques points des plateaux contigus vers 850 m d'altitude. Elle atteint la haute vallée du Hérisson vers le lac d'Ilay (F-Jura) à 780 m. Elle est encore présente dans la vallée de la Valserine vers Bellegarde (F-Ain) et semble rare vers l'Albarine (F-Ain). Elle n'est pas citée dans la partie suisse de la montagne jurassienne.

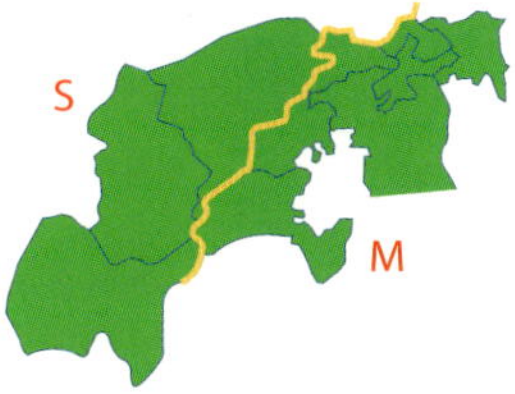


# Couleuvre d'Esculape
## Elaphe longissima (Laurenti, 1768)

© E. Craney

Colubridés

La couleuvre d'Esculape est élancée et sa longueur dépasse parfois 1,50 m. La tête est allongée et étroite. Le corps est brun foncé, olive foncé ou bronze, toujours brillant, avec de petites mouchetures blanches. Le ventre est jaune. Le jeune individu est différent : il porte un collier jaune derrière la tête et souvent des taches brunes sur fond clair (taches que ne possède pas la jeune couleuvre à collier, p. 136). De plus, les écailles sont lisses, alors qu'elles sont carénées chez la couleuvre à collier.

Cette espèce exige à la fois une chaleur élevée et une certaine humidité. Les lisières de forêts claires, les taillis et buissons (où elle grimpe bien) des versants pierreux et ensoleillés dominant un cours d'eau lui conviennent donc parfaitement.

Elle occupe le nord de l'Espagne, la France (au sud d'une ligne allant du Finistère à la Haute-Saône), quelques points de l'Allemagne rhénane, le sud de la Suisse et de l'Autriche, l'Italie et une zone allant de la Slovénie au sud de la Grèce. Bien présente dans la partie sud de l'Europe centrale, sa distribution devient plus diffuse à l'est, atteignant la mer Noire, jusqu'à l'est de la Crimée. En France, surtout connue en plaine et à l'étage collinéen, elle atteint cependant 1 500 m en Provence.

La couleuvre d'Esculape est très rare dans la montagne jurassienne. Elle ne pénètre le massif qu'à la faveur de certaines vallées du sud, par exemple celle de l'Albarine (F-Ain). Plus au nord, par la haute vallée du Lison, à Nans-sous-Sainte-Anne (F-Doubs), elle arrive au pied de la montagne.

# Coronelle lisse

## **Coronella austriaca** Laurenti, 1768

*Syn. français :* **Couleuvre lisse**

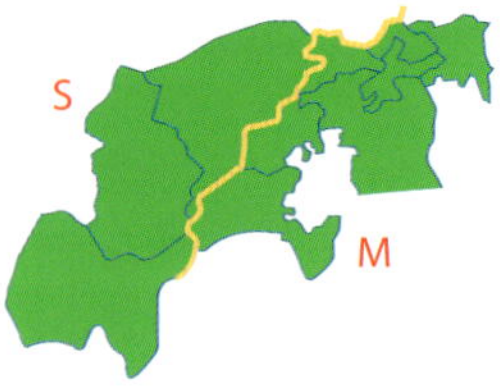


Colubridés

Dans le Jura, la coronelle lisse mesure environ 50 cm dans la région, une femelle de 80 cm a cependant été vue à La Cluse-et-Mijoux (F-Doubs). Sa couleur de fond est grise, brune, voire rougeâtre avec parfois des mouchetures plus sombres pouvant dessiner des barres assez nettes. Le dessus de la tête est classiquement orné d'une tache sombre triangulaire. L'ensemble est très contrasté chez le jeune individu. Cet aspect vipérin coûte souvent la vie à cette inoffensive et plutôt lente petite couleuvre, heureusement discrète. Enfin, une bande sombre part du museau et dépasse l'œil. Le ventre uni est brun, gris ou noir.

Sa distribution semble découler de paramètres subtils d'ordre microclimatique compliqués par le facteur nourriture (lézards en particulier). Notons l'ambivalence représentée par sa présence régulière sur les zones rocheuses chaudes, éboulis, corniches et pentes rocailleuses mêlées de petites pelouses, et en même temps la rareté de ses sorties, faites surtout par temps doux (ciel couvert après une pluie), sur sol encore humide. Sa présence occasionnelle sur les touradons secs en tourbière illustre encore cette tendance double. Elle occupe aussi les talus un peu herbeux des voies ferrées. Dans le haut Doubs, elle est surtout observée de juin à août, les extrêmes étant le 16 mars et le 25 septembre. Les rares informations disponibles

© F. Schwaab

© J.-C. Riot

indiquent des populations réduites (moins de dix individus) et centrées sur quelques ares à l'intérieur de milieux plus vastes et en apparence assez homogènes. Elle cohabite parfois avec la vipère aspic (p. 90).

La répartition de la couleuvre lisse en Europe est large. Elle est signalée à l'est jusqu'à l'Oural et au Caucase. Le secteur d'Oslo en Norvège et le Péloponnèse constituent ses limites nord et sud de répartition. En France continentale, elle est assez répandue de la plaine (avec des lacunes) à la montagne, jusque vers 2 000 m dans les Pyrénées centrales. En Suisse aussi, son aire est étendue mais les stations sont irrégulièrement réparties avec des vides en zone collinéenne. Elle est en régression dans certains cantons du Plateau.

Sur le versant français de la montagne jurassienne, la répartition de la coronelle lisse semble montrer un gradient négatif vers le sud. Dans les départements du Doubs et du Jura, elle est assez commune jusqu'à 900 m, mais devient rare à très rare plus haut avec seulement une dizaine de stations connues au-delà de 1 000 m (maximum à 1 150 m, aux Gras, F-Doubs). Elle n'est pas notée sur les monts Jura (F-Ain) ni sur les plateaux à l'ouest, mais est présente dans la vallée de la Valserine (F-Ain). Dans la partie suisse, les zones dépassant 900 m sont le plus souvent délaissées, la coronelle étant cependant connue à 1 380 m au mont Tendre (CH-Vaud).

Nom populaire : petite vipère (F-Doubs).

# Couleuvre vipérine

## **Natrix maura** (Linné, 1758)

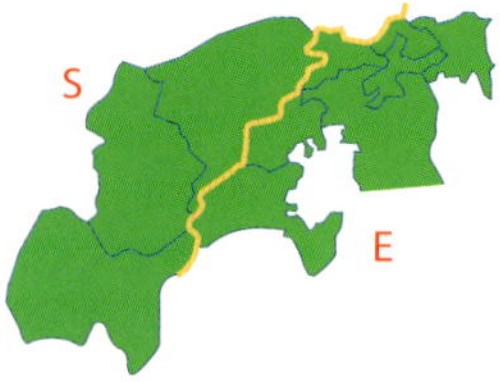

© D. Pépin

Colubridés

Sa silhouette trapue (corps épais, de 45 à 60 cm, queue courte), sa coloration particulière (zigzag dorsal plus sombre que le fond brun jaunâtre) et un comportement de bluff (tête gonflée en triangle face à un importun) ont valu à cette inoffensive espèce son nom ambigu de couleuvre vipérine, ou encore de vipère d'eau. Elle a bien une pupille ronde de couleuvre, mais ses écailles sont carénées. Elle montre le plus souvent un damier noir et saumon (ou jaunâtre) sur la face ventrale (noir et blanc sale chez la couleuvre à collier, p. 136), la tête porte des raies sombres typiques en éventail et les flancs ont assez souvent des ocelles (points jaunâtres entourés de sombre). Les éléments colorés sont plus contrastés chez les jeunes de l'année, longs de 15 cm environ.

Son milieu de prédilection est constitué de pelouses sèches ensoleillées, de pierriers et de broussailles dominant un cours d'eau où elle va se nourrir. Elle peut être rencontrée au bord des eaux calmes (y compris les canaux) ou des torrents. Son régime alimentaire est largement constitué de petits poissons (jeunes gardons, loches, vairons, etc.), mais elle consomme aussi des têtards d'amphibiens et des adultes, parfois des lombrics, des sangsues et des limaces. L'eau claire permet parfois de l'observer aplatie au fond, se déplaçant lentement au contact des pierres à la recherche de proies.

© D. Pépin

© D. Pépin

Sa distribution, assez limitée, couvre l'Afrique du Nord, la péninsule Ibérique, les deux tiers sud de la France, le sud-ouest de la Suisse, le nord-ouest de l'Italie, ainsi que les îles d'Hyères, les Baléares et la Sardaigne. En France, l'espèce est encore assez commune dans le Midi mais en régression dans certaines régions du centre. En Suisse, où elle est de plus en plus localisée, la couleuvre vipérine est en danger d'extinction à la suite de la dégradation des cours d'eau et des habitats terrestres proches, et de la compétition avec la couleuvre tessellée *(Natrix tessellata)*, introduite.

Ce double lien avec un milieu terrestre chaud et un cours d'eau proche conditionne nettement sa répartition, d'autant plus si l'on va vers le nord du massif et/ou si l'on remonte les vallées qui l'entaillent. Elle est par conséquent rare dans la montagne jurassienne. Ainsi, la haute vallée du Doubs ne l'abrite pas. Elle est connue seulement jusque vers Baume-les-Dames (F-Doubs) à 270 m d'altitude. Plus au sud, par la vallée de l'Ain, elle colonise la Bienne dans le secteur de Saint-Claude (F-Jura) et son affluent le Tacon, où elle atteint 700 m. Elle fréquente aussi la vallée de l'Albarine (F-Ain). Sur le versant suisse, elle est présente sur les berges du lac Léman et de certains cours d'eau dans le canton de Genève mais ne pénètre pas le massif jurassien.

Nom populaire : vipère d'eau.

## Vipère aspic
# Vipera aspis (Linné, 1758)

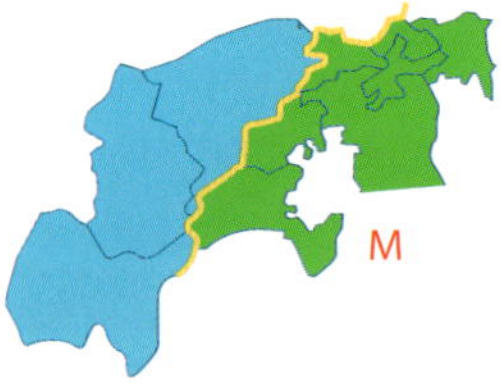


Vipéridés

Les vipères sont caractérisées par une silhouette trapue, avec une queue courte bien distincte du corps, et par une pupille verticale. La vipère aspic présente en outre un museau retroussé et des petites écailles céphaliques. Sa taille avoisine 50-70 cm, les femelles étant en général un peu plus grandes que les mâles. La coloration de fond varie de l'ocre clair au brun foncé, gris, rouge brique... Le mélanisme, fréquent dans les Alpes, est exceptionnel dans le Jura. Les ornementations dorso-latérales sombres, diverses au sein de l'aire de répartition, sont assez stables dans les populations franc-comtoises : il s'agit généralement d'une ligne dorsale très fine et discontinue, avec des dessins en barreaux d'échelle souvent décalés sur une partie du corps (motifs lobés beaucoup plus rares).

Les rituels d'accouplement printaniers donnent parfois lieu à des regroupements de plusieurs mâles autour d'une femelle, désignés comme « nœuds » de vipères. Les femelles, ovovivipares, donnent naissance au début de l'automne à six à huit petits d'environ 15-20 cm de long. Les adultes se nourrissent essentiellement de micromammifères (petits rongeurs, musaraignes), ce qui détermine grandement le choix de leur habitat. Celui-ci doit être semi-ouvert et ensoleillé, la présence de roches et de zones buissonneuses étant pratiquement constante. Des milieux artificiels tels que talus routiers, voies ferrées, ruines, carrières... sont quelquefois

© D. Pépin

colonisés. La vipère aspic, plutôt indolente, s'enfuit lentement à l'approche de l'homme, ne cherchant à mordre que si elle est surprise ou gênée dans sa fuite.

© D. Pépin

L'aire de répartition de cette espèce couvre le sud-ouest de l'Europe : nord de l'Espagne, Italie, sud-ouest de la Suisse et, en France, elle ne s'étend qu'au sud d'une ligne joignant Nantes à Nancy, avec un prolongement vers le nord par la vallée de la Moselle. Elle dépasse rarement 1 000 m d'altitude dans le Jura et le Massif central, alors qu'elle atteint 2400 à 2800 m dans les Alpes (avec même quelques observations isolées à près de 3000 m dans la partie suisse) et les Pyrénées, la vipère péliade (p. 156) étant notoirement absente de ce dernier massif.

Dans la partie suisse de la montagne jurassienne, la vipère aspic est présente surtout vers 600-700 m d'altitude et dépasse rarement 1 000 m. Elle est parfois remplacée au-delà par la vipère péliade, qui la supplante aussi très localement dans les hautes vallées. Dans le département du Doubs, elle se raréfie dès 500-600 m et disparaît sur les seconds plateaux, sauf en quelques secteurs colonisés à la faveur du réseau hydrographique, notamment au-dessus de la haute vallée du Doubs. Plus au sud, l'espèce est bien représentée sur les reliefs jusque vers 1 000 m. Elle atteint 1 080 m dans le département du Jura et 1 260 m sur les monts Jura (F-Ain). Vers le sud, elle occupe un éventail plus large de biotopes, puisqu'elle peut par exemple être observée en tourbière dans le département du Jura.

© F. Schwaab

Nom populaire : verpie (F-Jura).

# Lacs, étangs, marais et tourbières

La montagne jurassienne est parsemée de lacs et d'étangs naturels, inscrits dans d'imposantes ceintures de végétation amphibie, où les vastes processions de touradons – les moutus – forment un paysage typique. De leur base humide à leur sommet parfois très sec, les touradons constituent des micromilieux particulièrement adaptés au lézard vivipare selon les heures de la journée. Ces formations végétales faites de laîches (ou carex) s'inscrivent dans les divers faciès de marais et tourbières, comme aux abords du lac de Bellefontaine (F-Jura). Ces milieux, qui ont souvent été exploités jadis pour la tourbe, sont encore bien représentés dans les départements du Doubs et du Jura. Avec les prés-bois de la montagne jurassienne, les tourbières sont l'autre biotope typique de la vipère péliade.

Le profil régulier des cuvettes lacustres et l'existence d'une large beine soulignent la continuité des groupements littoraux, plus ou moins imbriqués, avec les espèces aquatiques flottantes et submergées, de la nupharaie aux tapis profonds des algues characées. Le brochet, la tanche, le rotengle sont les hôtes privilégiés de cette frange littorale où ils trouvent refuge, nourriture et territoires de reproduction. Ces ceintures végétales abritent aussi du printemps à l'automne la grenouille verte, parfois abondante, notamment dans les plans d'eau ensoleillés riches en végétation aquatique (mais rarement au-delà de 1000 m d'altitude). Au printemps, des centaines voire des milliers de grenouilles rousses se rassemblent quelques jours seulement pour la ponte en eau très peu profonde au contact des laîches ; les crapauds communs, parfois très nombreux aussi, emmêlent leurs longs cordons d'œufs dans la végé-

**Lac à la Dame (F-Jura)**

© D. Pépin

Brochet

tation vers 30 à 50 cm de profondeur. Sur le périmètre lacustre, souvent diversifié, se succèdent des habitats littoraux riches et variés. Plongée des pans rocheux, blocs, plages de galets et de graviers, embouchures de ruisseaux, branchages, végétaux dressés ou immergés sont autant de lieux fréquentés par les poissons en quête de nourriture et d'abri ou de supports de ponte.

Le talus lacustre pentu fait jonction avec la plaine centrale, zone la plus profonde de la cuvette. Cette rupture de pente se lit en surface, le bleu de l'eau fonce brusquement, c'est la limite du « noir », une tranche d'eau qui peut descendre à plus de 40 m dans les lacs les plus profonds. Le gardon, la perche et le corégone occupent cet espace de pleine eau, dépourvu de végétation.

L'évolution des profils verticaux de température et d'oxygène dissous illustre le fonctionnement du lac, au sein duquel la densité de l'eau change avec la température et atteint son maximum à 4 °C en induisant des mouvements saisonniers de la masse d'eau.

En hiver, le lac est gelé, et la température croît de la surface au fond, de 0 à 4 °C, elle est en stratification hivernale. Au printemps, la glace fond, l'eau de surface passe par 4 °C et coule, on parle de brassage printanier *(turn-over)*. En été, les couches chaudes sont superposées aux couches plus froides, le lac est en stratification estivale. L'automne correspond à un second épisode de brassage, avant que la surface du

© D. Pépin

Lac de l'Entonnoir, Bouverans (F-Doubs)

lac gèle. Tous les lacs du Jura sont ainsi à double mélange (dimictiques).

L'oxygène connaît également une distribution verticale, des couches superficielles riches aux couches proches du fond, où l'oxygène est parfois absent dans les lacs vieillis ou soumis à une charge polluante importante.

L'épaisseur de la couche vivante et oxygénée règle la distribution des poissons. Certaines espèces, dont l'omble chevalier et le corégone, voient leur espace de vie se réduire aux zones littorales ou proches de la surface lorsque l'oxygène se raréfie dans les couches profondes. L'omble chevalier ne survit pas à cette situation.

Le lac de Bouverans, dit « de l'Entonnoir », dans le bassin du Drugeon (F-Doubs), présente la particularité de se vider presque complètement à l'occasion d'épisodes de sécheresse prolongée. Il partage avec les retenues hydroélectriques, mais à un rythme beaucoup plus lent, d'importantes variations du niveau de l'eau.

La profondeur des étangs, inférieure à 10 m, n'induit pas de tels mouvements d'eau et la végétation fixée peut s'étendre jusqu'au centre de la cuvette, domaine des espèces de poissons de la zone littorale des lacs.

© J.-N. Resch

Lac de l'Entonnoir à sec (F-Doubs)

La réserve naturelle du lac de Remoray (F-Doubs) est un site exceptionnel, protégé par décret ministériel depuis 1980. Il rassemble sur 427 ha – entre 850 et 981 m d'altitude – une mosaïque des principaux biotopes de la montagne jurassienne. Parmi eux, il faut souligner le lac (99 ha) d'origine postglaciaire, profond de 27 m, qui abrite entre autres le brochet et le corégone (introduit en 1948). Les ceintures végétales offrent le gîte à de nombreux oiseaux. Des efforts sont faits depuis 1993, sous l'impulsion de l'association de gestion, pour améliorer la qualité de l'eau. Parmi les ruisseaux, celui des Vurpillières a fait l'objet en 1997 d'une restauration pionnière en France, avec remise en eau des méandres, d'où un linéaire doublé (1,1 km). Ces derniers avaient été court-circuités en 1967 en vue d'une valorisation agricole illusoire du marais. Depuis, le niveau d'eau moyen est remonté, au bénéfice des écosystèmes latéraux. Outre les milieux terrestres, prairies et forêts diversifiées, il faut citer les marais et tourbières. On trouve la tourbière alcaline (bas marais) à laîches et la tourbière acide (haut marais) à sphaignes, avec ses faciès humides à droséras et ses bombements plus secs abritant myrtilles et pin à crochet. Là aussi, une gestion appropriée corrige peu à peu diverses atteintes anthropiques (effets des drains en particulier).

© D. Pépin

Lac de Remoray (F-Doubs)

# Ablette

## Alburnus alburnus (Linné, 1758)

*Syn. français :* **Ablette commune**

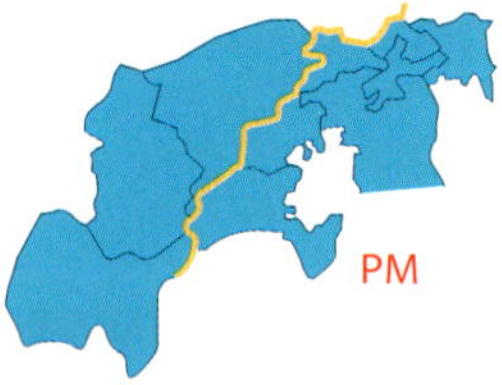

© C. Bry

Cyprinidés

L'ablette est un petit poisson au corps fin et allongé, aux écailles grandes et facilement détachables et à la bouche tournée vers le haut. La livrée, brillante à reflets métalliques, bleu verdâtre sur le dos, blanc nacré sur les flancs et le ventre, forme une bonne tenue de camouflage. La taille des nageoires anale et caudale, longues en regard de celle du corps, signe la vélocité de l'espèce. La bouche nettement tournée vers le haut indique l'aptitude de l'espèce à prélever sa nourriture en surface. Les sujets bien nourris et âgés de sept ans atteignent 20 cm pour 50 g.

L'ablette vit en eau peu courante près de la surface en bancs compacts et très mobiles. En recherche incessante de nourriture, elle gobe et saute hors de l'eau pour capturer les moucherons en criblant la surface de petits clapotis, nettement perceptibles dans la chaleur silencieuse d'un après-midi d'été. Elle est également friande du zooplancton proliférant. Proie fréquente des carnassiers, elle leur échappe en spectaculaires éventails et parapluies tracés en surface ou hors de l'eau. En été, dans des eaux pauvres en oxygène, elle vient piper l'air en surface. Les adultes, matures à deux ans, fraient d'avril à juin dans une eau à 15 °C. La femelle dépose près de sept mille petits œufs sur les graviers fins ou les plantes aquatiques. L'hybridation est fréquente avec le

© C. Bry

chevaine (p. 54), le rotengle (p. 102), le gardon (p. 104) et la brème (p. 98). Les belles populations atteignent cinq mille individus sur 10 ares. Associée avec le chevaine et le gardon, l'ablette supporte les eaux chargées en rejets organiques.

Absente du nord et du sud de l'Europe, cantonnée au sud-est de l'Angleterre, elle est fréquente partout ailleurs. Bien représentée en France, sauf en Corse, elle est recensée dans les bassins suisses du Rhin et du Rhône et introduite dans plusieurs petits lacs à plus de 1 400 m d'altitude.

Rare dans la montagne jurassienne, abondante dans la retenue de Moron (F-Doubs et CH-Neuchâtel), elle est signalée dans le lac de Saint-Point (F-Doubs), où elle était absente des anciens relevés. Installation durable ou présence fugace, les prochains inventaires le diront.

De l'ablette à la perle

Les hommes ont extrait des écailles l'essence d'Orient à l'origine de la fabrication de fausses perles d'un brillant très prisé. Plusieurs milliers d'ablettes donnaient 100 g d'essence.

L'ablette peut se pêcher en été, à la perle enfilée sur un hameçon de très petite taille manié par un pêcheur habile.

© S. Dernier

Noms populaires : blanchet, blanchaille, biblet.

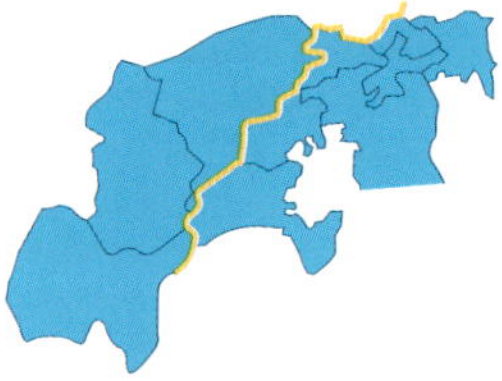

# Brème

## Abramis brama (Linné, 1758)

*Syn. français :* **Grande Brème, Brème commune, Brème franche**

Cyprinidés

Le corps haut et très comprimé latéralement, la tête petite, à profil busqué, et la bouche ventrale sont propres à la brème. En moyenne de 30 à 50 cm, la taille peut atteindre 75 cm pour un poids de 5 kg. La longévité rappelle celle de la carpe (p. 100).

Grégaire en eau calme et riche en végétation, la brème a donné son nom à la zone basale des rivières de plaine. Dressée sur le fond, elle aspire par sa bouche protractile les vers et les mollusques des fonds meubles et laisse derrière elle des petites cuvettes dites « trous à brèmes ». Zooplancton et végétaux aquatiques complètent son régime. Le frai a lieu d'avril à juin en eau peu profonde, voisine de 15 °C, près des berges ou dans les annexes. Les mâles, en parure de noce, courtisent bruyamment les femelles, qui déposent jusqu'à trois cent mille œufs sur le fond. La croissance est lente et la maturité tardive, entre trois et sept ans. L'hybridation est fréquente avec la brème bordelière (p. 99) et le gardon (p. 104).

Largement répandue en Europe, du nord des Pyrénées à la mer Caspienne, elle est absente du pays de Galles, d'Écosse, d'Italie et de Grèce. En France, rare dans l'extrême pointe bretonne, elle est partout ailleurs sauf en Corse. Présente et relativement fréquente dans les bassins suisses du Rhône et du Rhin, elle est mentionnée récemment dans celui du Pô.

Dans la montagne jurassienne, elle est signalée en grand nombre dans la retenue artificielle de Biaufond (F-Doubs, CH-Neuchâtel et Jura). Son abondance y accompagne l'exubérance végétale et dépasse les anciennes mentions de trois individus sur 10 ares.

Nom populaire : plateau.

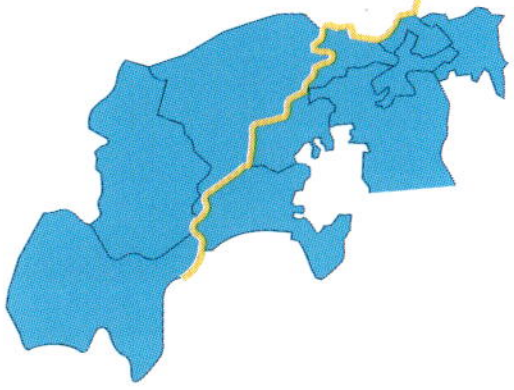

# Brème bordelière

## Blicca bjoerkna (Linné, 1758)

© S. Dernier

© C. Lemmel

Cyprinidés

Très proche de la grande brème (p. 98), elle s'en distingue par un œil relativement plus gros, l'attache rougeâtre des pectorales et des ventrales et une coloration généralement moins dorée. La taille dépasse rarement 30 cm pour un poids souvent inférieur à 500 g.

Espèce d'eau calme, la bordelière vit en sociétés nombreuses dans les zones à fond gravelo-sableux, parsemées d'îlots de végétation. Elle s'accommode bien des eaux turbides. Moins fouisseuse que la grande brème, son régime est similaire. La reproduction, bruyante, a lieu de mai à juillet dans des lieux protégés du courant riches en végétaux submergés. À cette époque, le mâle se couvre de tubercules de frai sur la tête et l'avant du corps. Très prolifique, la femelle pond près de cent mille œufs visqueux adhérant au substrat. L'espèce peut s'hybrider avec la grande brème, le gardon (p. 104) et le rotengle (p. 102).

Autochtone en Europe, au nord des Alpes, très localisée en Grande-Bretagne, la brème bordelière est absente du sud de l'Europe et d'une large partie de la péninsule scandinave. Moins répandue en France que la grande brème, elle est absente de Corse et fréquente peu les rivières méditerranéennes. Bien représentée en Suisse dans le bassin du Rhin, elle est exceptionnelle dans le bassin du Rhône.

On doit son signalement, atypique dans la montagne jurassienne, à la présence des ouvrages hydroélectriques du Doubs frontalier. Ainsi, elle est abondante dans les retenues de Moron (F-Doubs et CH-Neuchâtel) et de Biaufond (F-Doubs, CH-Neuchâtel et Jura).

Peu appréciée des pêcheurs, la brèmotte, surnommée «peigne» à cause de ses arêtes nombreuses, est peu admise au régal gastronomique, mais la première à venir sur un coup de pêche amorcé.

Noms populaires : petite brème, brèmotte, brèmette, bordelière.

# Carpe commune

## **Cyprinus carpio** Linné, 1758

*Syn. latin :* **Cyprinus rex**

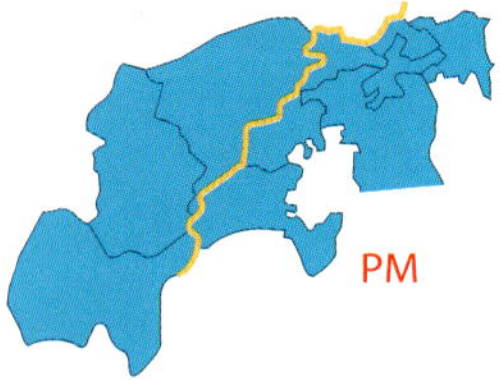


Cyprinidés

Espèce massive, légèrement comprimée latéralement, à écailles grandes et régulières, parfois absente chez la carpe cuir, à bouche terminale dont les lèvres épaisses à quatre barbillons supérieurs lui permettent de fouir les fonds meubles. La nageoire dorsale, longue et au bord sinueux, recouvre les deux tiers postérieurs du dos. Gris-vert, le dos sombre contraste avec les flancs brun clair à reflets dorés et le ventre blanchâtre. Le second rayon de la dorsale et le rayon supérieur de l'anale, robustes, sont garnis d'une dentelure puissante. Les beaux sujets mesurent de 50 à 70 cm pour un poids de 10 à 15 kg, exceptionnellement 1,50 m et plus de 30 kg. D'une longévité légendaire, la carpe atteint fréquemment quinze à vingt ans, voire cinquante.

La carpe est l'hôte habituel des cours lents et des étangs de plaine. Introduite dans les plans d'eau d'altitude, elle s'y reproduit exceptionnellement. Grégaire, plutôt nocturne, elle fréquente des lieux riches en végétation, où elle aspire sa nourriture au fond. On peut voir, en eau claire, expulsés par l'opercule, les fragments de coquilles de mollusques broyés dans sa gorge par de puissantes dents pharyngiennes. En étang, le trouble de l'eau lié à son comportement fouisseur disparaît quand la carpe cesse de s'alimenter, vers 6 °C, avant d'hiverner sur le fond. De mai à juillet, au petit matin ou au crépuscule, dans une eau tranquille et peu profonde, le frai, bouillonnant, rassemble plusieurs mâles et une femelle. Les œufs, de quatre-vingt mille à cent cinquante mille, pondus en plusieurs fois, parfois à quelques jours d'intervalle, adhèrent aux végétaux. En dessous de 18 °C, la carpe ne pond pas et le mâle se féminise en vieillissant. Comme la tanche, elle supporte plusieurs heures à l'air libre si sa peau reste humide.

© C. Bry

Poisson d'élevage par excellence, la carpe sauvage, grande colonisatrice, a étendu son aire de répartition à partir de l'Asie centrale, vers la Chine puis vers l'ouest. Facile à transporter, elle a été initialement importée en Italie par les Romains puis vers l'ouest de l'Europe par les moines au Moyen Âge. Absente du nord-ouest de la péninsule scandinave et d'Écosse, largement répandue en France mais absente de Corse, elle abonde dans les grandes régions d'étangs. Des carpes multicolores, blanches chez les formes albinos, sont conservées à l'aquarium de la Citadelle à Besançon (F-Doubs). Recensée à plus de 1 500 m d'altitude dans les lacs suisses, elle est présente sur tout le territoire helvétique.

© C. Lemmel

Dans la montagne jurassienne, elle est signalée dans les bassins de Chaillexon (F-Doubs et CH-Neuchâtel).
Mentionnée par Kreitmann, conservateur des Eaux et Forêts, dans le lac de Saint-Point (F-Doubs) en 1937, elle ne figure plus dans les inventaires récents.

© C. Lemmel

La carpe de nuit
Depuis quelques années se développe un type de pêche spécifique de la carpe. Les amateurs s'installent pour 48 ou 72 heures autour d'un plan d'eau, avec râtelier de cannes à pêche en carbone, système de détection électronique de touches couplé à des moulinets de grande capacité de ligne, une tente, un lit de camp et des accessoires très sophistiqués. Le poisson trophée, de plus de 20 kg parfois, est remis à l'eau après la photo souvenir. Cette pratique est appelée *no-kill*.

© H. Carmié

Noms populaires : carpeau, carpet.

# Rotengle
## Scardinius erythrophtalmus (Linné, 1758)

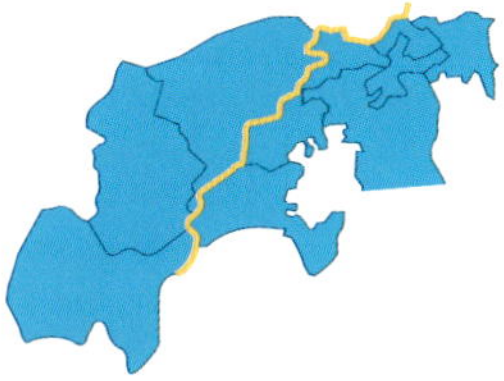

Cyprinidés

Le rotengle, scardole des Italiens, est imposant par sa silhouette. Morphologiquement apparenté au gardon (p. 104), il en diffère par un corps élevé, bombé, de section moins arrondie, de grosses écailles, une bouche franchement orientée vers le haut, une carène ventrale en gouttière entre les nageoires ventrales et anale et un œil orangé à reflet doré qui lui a valu son nom d'espèce. Vert-brun marquée de reflets pourpres, la livrée argentée sur les flancs et le ventre est soulignée par des nageoires rouge vif, à l'exception de la dorsale brun-rouge. La tête est forte et la bouche, petite, s'ouvre en oblique vers le haut. La taille et le poids moyens se situent respectivement au voisinage de 25 cm et 400 g, les plus beaux sujets atteignant 40 cm pour un poids de plus de 1 kg.

Le rotengle vit en eau calme et herbeuse des rivières et des plans d'eau, où il occupe la zone littorale. Grégaire, il se déplace en bandes d'une dizaine d'individus, pour chercher sa nourriture, composée de petits animaux prélevés sur les végétaux aquatiques. Il hiverne pendant plusieurs mois en eau profonde et se reproduit d'avril à juillet dans des eaux de 18 à 27 °C. La femelle pond plus de cent mille œufs rougeâtres qui adhèrent aux plantes submergées ou à la base des hélophytes, en eau peu profonde. Le mâle en robe nuptiale porte d'abondants boutons de noce sur le dos et la tête, et le premier rayon des nageoires pectorales est nettement renflé. L'hybridation est fréquente avec le gardon, plus rare avec l'ablette (p. 96) et la grande brème (p. 98).

© C. Bry

© E. Vigneux

Très commun dans toute l'Europe à l'exception de l'Écosse, du nord de la Scandinavie et de l'Espagne, il est présent à l'est jusqu'à la mer Caspienne et l'Oural. Moins fréquent que le gardon, il est présent partout en France, sauf dans l'extrême sud-est et en Corse. Relativement fréquent en Suisse, électif des plans d'eau, plus rare en rivière, il a été recensé récemment dans le bassin du lac de Constance en amont de Coire.

Dans la montagne jurassienne, sa présence est connue dans de nombreux plans d'eau où il prospère jusqu'aux plus hautes altitudes et peut même atteindre, comme dans les lacs des Rousses (F-Jura) et de Saint-Point (F-Doubs), des biomasses élevées dans les habitats littoraux, en réponse à la surcharge en nutriments et aux proliférations végétales. Les relevés récents rapportent des densités supérieures à l'abondance optimale d'une trentaine de sujets inventoriés sur 10 ares dans les rivières de plaine.

La surprise pour qui ?
Une des techniques de pêche difficiles à pratiquer est dite « à la surprise ».
En été, par temps calme et ensoleillé, elle consiste à lancer un insecte le plus près possible d'une feuille de nénuphar ou d'une touffe de potamot. À peine à l'eau, la proie se fait happer par le rotengle, à l'abri sous ces pare-soleil, mais parfois la lutte est difficile, surtout lorsqu'il s'agit d'un gros chevaine qui s'est déplacé dans un remous impressionnant.

Noms populaires : gardon de fond, gardon rouge, rousse de fond.

# Gardon
## Rutilus rutilus (Linné, 1758)

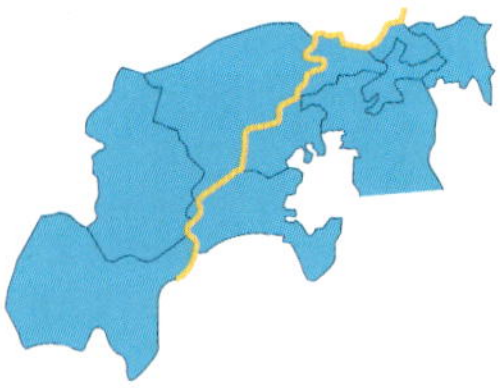

Cyprinidés

Le gardon est certainement une des espèces les plus communes et les plus connues de sa famille, qualifiée de « blanc » en tous lieux. La couleur rouge de l'iris de l'œil lui a donné son nom scientifique. Le dos est bombé et le corps, légèrement comprimé latéralement, s'arrondit sous le ventre, entre les nageoires pelviennes et anale. Les écailles, grandes et arrondies, se détachent facilement, plus souvent chez les gros sujets. La bouche est petite, légèrement inclinée vers le haut, certains individus pouvant présenter un profil céphalique faiblement busqué. La coloration générale verdâtre est soulignée de reflets dorés ou bleutés sur le dos et argentés sur les flancs et le ventre. La teinte des nageoires est variable, jaune-rose, parfois rouge, à l'exception de la dorsale, verdâtre. La taille dépasse rarement 20 à 30 cm pour un poids de 200 à 300 g. En lac, le gardon, qualifié de vengeron, surtout en territoire helvétique, peut atteindre 50 cm pour un poids de 1 kg.

Espèce très ubiquiste, il préfère les eaux faiblement courantes riches en végétation, mais il peut également gagner la zone centrale des plans d'eau en bancs nombreux. Grégaire et actif en journée, il recherche une large gamme de nourriture animale et végétale. La reproduction a lieu d'avril à juin dans des eaux peu profondes riches en végétaux aquatiques. Les œufs sont déposés en une seule fois sur les plantes aquatiques submergées, les racines d'arbres, les bois morts et les fonds pierreux. Le

© C. Bry

gardon peut s'hybrider avec la brème (p. 98) et le rotengle (p. 102). Il forme avec le chevaine (p. 54) et l'ablette (p. 96) la trilogie reconnue des espèces présentes dans les eaux polluées, où il peut constituer avec la brème bordelière (p. 99) une large partie du peuplement piscicole.

© C. Bry

Très largement représenté en Europe continentale, du nord des Pyrénées à l'Oural, et en Grande-Bretagne, le gardon est absent de la péninsule Ibérique, d'Italie, de Grèce et des territoires occidentaux et septentrionaux de la péninsule scandinave. Il est partout en France à l'exception de la Corse. Il est fréquent en Suisse, surtout dans les lacs.

Présent dans tous les plans d'eau de la montagne jurassienne, il peut y étendre ses populations en rivière à partir de ces sites lacustres. La régression de ses populations dans certains plans d'eau souligne la nécessité de conduire des investigations sur les conditions de vie régnant dans les zones profondes, afin de distinguer un phénomène passager d'une évolution préoccupante en terme d'équilibre piscicole.

© C. Bry

Ponte

Considéré comme le poisson fourrage par excellence pour la perche (p. 120) et le brochet (p. 108), il est très utilisé en pisciculture d'étangs.

Noms populaires : blanc, rousse, vengeron.

# Tanche

## Tinca tinca (Linné, 1758)

*Syn. latin :* **Cyprinus tinca**

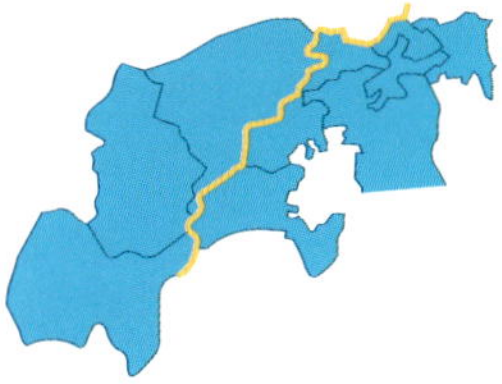

Cyprinidés

À corps épais, comme la carpe (p. 100), la tanche, très difficile à saisir, donne une impression mélangée de souplesse et de force. Les nageoires ventrales du mâle sont plus larges que chez la femelle. La bouche est garnie de deux barbillons aux commissures des lèvres. La robe sombre et luisante oppose un dos olivâtre mêlé de brun et des flancs à reflets cuivrés, au ventre jaune clair marqué de jaune d'or ou de rouge. Longue de 30 à 40 cm pour un poids de 1 à 2 kg, la tanche atteint exceptionnellement 70 cm pour 6 à 7 kg.

Espèce d'eau calme par excellence, active de nuit, la tanche voyage par bancs à la recherche de nourriture, qu'elle prélève en fouissant les sédiments fins, agrémentant parfois son menu de quelques parties végétales. La reproduction a lieu en été dans une eau à 20 °C, peu profonde et riche en végétation, particulièrement le *Potamogeton natans*, dit « herbe à tanche ». Le frai donne lieu à des ébats de groupes de dix à vingt couples bruyants qui se font et se défont et que rien n'effraie. Les œufs visqueux, près de trois cent mille, sont déposés en pontes fractionnées sur les végétaux submergés. Immédiatement après la naissance et jusqu'à résorption de la vésicule vitelline, les alevins demeurent fixés passivement aux plantes par des organes céphaliques.
En rivière, près de trente sujets forment la population optimale sur un territoire de 10 ares. La tanche peut survivre hors de l'eau une journée entière enveloppée dans une feuille de pétasite ou un linge humide et retrouver vigueur une fois remise à

© C. Bry

l'eau. Son activité est particulièrement ralentie en hiver.

Largement répandue en Europe, elle s'étend jusqu'à la mer Caspienne. Elle est absente d'Écosse, d'une large partie de la péninsule scandinave, de la façade atlantique nord de l'Espagne, des territoires dalmates et du sud de la Grèce. Elle est partout en France, sauf en Corse. Hôte fréquent des cours d'eau et des plans d'eau de plaine de Suisse, elle a été introduite dans des plans d'eau d'altitude proche de 1 700 m.

© C. Bry

On doit sa présence dans la montagne jurassienne à l'existence des étangs et des lacs où elle a été souvent introduite. La population de tanches du lac de Saint-Point (F-Doubs), concentrée à son extrémité septentrionale, est certainement une des plus remarquables de l'arc jurassien par sa densité et la taille des adultes.

© C. Bry

À la recherche du poisson d'or.
Par un lumineux jour d'été, sans la moindre brise, sur une barque de location, nombreuses sur les lacs jurassiens, se déplacer en silence en maniant la pagaie avec douceur et longer la ceinture de nénuphars et de potamots à la limite du tombant. Se munir d'une paire de lunettes polarisantes pour découvrir dans l'eau cristalline les milieux aquatiques somptueux et leurs hôtes, dont les tanches en grandes familles, leurs robes dorées au soleil. Dérangées, elles s'éloignent lentement et disparaissent dans l'ombre des herbiers.

Nom populaire : beurotte.

# Brochet

## Esox lucius Linné, 1758

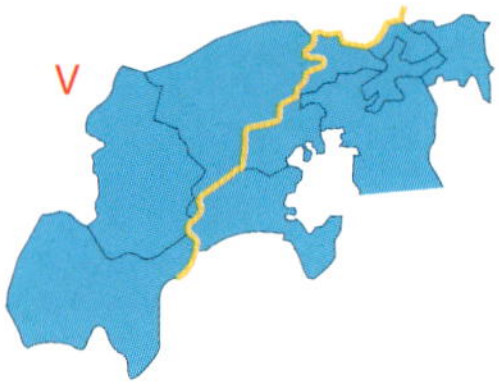


Esocidés

Le lumineux roi Esox, hôte prestigieux des rivières, des lacs et des étangs, est remarquable par la forme, la position des nageoires et la robe. Le corps fuselé, allongé en torpille, et la nageoire dorsale unique, à bord arrondi, rejetée en arrière au-dessus de la nageoire anale, forment avec la caudale un propulseur unique chez les poissons d'eau douce et signent une nage d'attaques brèves et puissantes. Le museau, longuement aplati en bec de canard, prolonge la tête allongée, à large bouche fendue jusqu'au-dessous de l'œil. La gueule est armée de nombreuses dents en aiguilles sur les mâchoires, la langue et le palais. Dirigées vers l'arrière, elles interdisent au brochet de dégorger les grosses proies. Malheur au pêcheur imprudent qui se laisse transpercer la main… L'œil du chasseur est situé haut sur la tête. La livrée est très variable selon les lieux de vie, verdâtre trouée de nombreuses marbrures jaunes sur les flancs, souvent jointives sur le dos et estompées à la base avec le ventre blanc jaunâtre. Dans cette tenue, le brochet se confond avec son environnement de guetteur au sein des herbiers et des chenaux d'eau calme. Les

© C. Bry

© C. Bry

© C. Lemmel

vieilles femelles prennent une teinte brun grisâtre et leur taille fait de l'espèce le plus grand carnassier indigène d'Europe de l'Ouest. Les plus âgées, plus de vingt ans parfois, et les mieux nourries peuvent atteindre 1,50m pour un poids voisin de 20kg. En lac, ces vieilles dames atteignent 1,35 m pour 20kg, les sujets de 1,20m et 15kg n'étant pas rares. L'âge moyen des mâles les plus vieux se situe entre dix et quinze ans, pour une taille exceptionnelle de 1 m et un poids dépassant rarement 10kg. La densité maximale naturelle enregistrée dans les cours d'eau de l'arc jurassien semble se situer entre quinze et vingt sujets sur 10 ares.

Territorial essentiellement diurne, sédentaire et solitaire, souvent cannibale dès le plus jeune âge, le brochet adulte se nourrit de poissons vivants qu'il chasse à l'affût, embusqué dans les coulées de végétation d'eau calme, en rivière et dans les plans d'eau.

Immobile, contenu par un simple frémissement des nageoires, il lance des attaques courtes et fulgurantes et intercepte brutalement son « fourrage », essentiellement des cyprinidés, qu'il capture de préférence par le travers et ingère par la tête ou la queue.

Les rivages lacustres sont habités par de très gros individus qui peuvent capturer à quelques jours d'intervalles, dans la semaine ou dans la même journée, au sein d'un banc de corégones (p. 114), trois ou quatre proies de 20 à 25 cm chacune, installées en file dans l'estomac du guerrier. Il ne néglige pas écrevisses et grenouilles, poussins de sauvagine et jeunes rats d'eau.

Le brochet commence à se reproduire à deux ou trois ans chez les femelles, vers quatre ans chez les mâles, de février à avril selon les années. Les femelles, accompagnées de trois ou quatre mâles, pendant plusieurs jours et aux heures les plus

Œuf embryonné

Embryon

chaudes de la journée, déposent leurs œufs sur la végétation dressée des champs d'inondation ou des milieux palustres, sous de très faibles hauteurs d'eau. Jusqu'à résorption de la vésicule vitelline, et pendant un mois parfois, les alevins demeurent fixés aux végétaux grâce à une sorte de disque cémentaire céphalique et sont alors particulièrement exposés aux variations du niveau de l'eau.

Les jeunes brochets demeurent plusieurs semaines sur les frayères, qu'ils quittent à la taille de 2 cm, si le retrait des eaux n'interdit pas le retour direct au lit principal ou au plan d'eau.

Trois étapes successives et indissociables du cycle vital de l'espèce sont indispensables à la réussite du frai :

- l'accessibilité aux frayères ;
- l'existence de supports herbacés dressés dans les champs d'inondation ou les petits systèmes latéraux ;
- le retour aux territoires d'alimentation.

L'artificialisation des berges des rivières et des rives des lacs, la raréfaction des herbages des fonds de vallée ou des périmètres lacustres au profit des cultures de céréales ou des équipements touristiques et la déconnexion des systèmes latéraux liée aux travaux de rectification des cours d'eau sont à l'origine d'une importante régression des populations de brochet d'Europe occidentale. Situé au sommet de la chaîne alimentaire, il est également menacé par l'accroissement des produits toxiques dans les eaux de surface même si son élevage (ésociculture) permet de maintenir artificiellement ses populations.

Largement réparti en Europe, des provinces occidentales à l'Oural, il est absent d'Écosse, des marges occidentales de la péninsule scandinave, d'une large partie de l'Espagne, du sud de l'Italie et de la Grèce. Présent dans l'ensemble du réseau hydrographique et des plans d'eau français, il est absent de Corse. Il est présent dans les quatre bassins hydrographiques de Suisse et bien représenté dans les lacs.

Le brochet est avant tout l'hôte privilégié des rivières de plaine. Dans la montagne jurassienne, la qualité de ses populations tient à la présence des lacs, des étangs et des retenues artificielles, propices au grossissement de cohortes importées.
La croissance rapide de cette espèce justifie une réglementation de la taille de capture minimale de 50 cm, souvent atteinte dans la troisième année. Elle pourrait être augmentée pour assurer une reproduction naturelle plus efficace.
Les grands brochets sont très recherchés et tout pêcheur rêve de capturer un « bec » de plus de 1 m dans sa vie.

Noms populaires : bec, sifflet, lançon, poignard (jeune), canard, bec de canard.

# Omble chevalier

## Salvelinus alpinus (Linné, 1758)

*Syn. français :* **Chevalier** - *Syn. latins :* **Salmo alpinus, Salmo umbla, Salvelinus salvelinus**

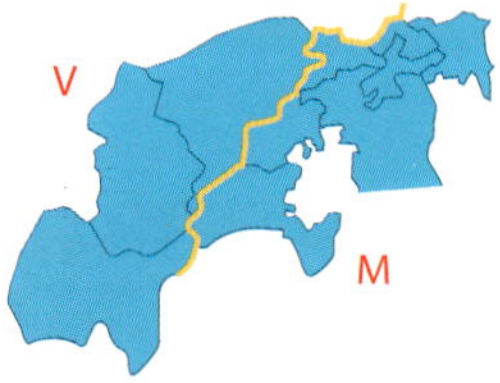


Salmonidés

L'espèce est apparentée au saumon de fontaine (p. 66), légèrement moins rosé. La bouche est moins fendue, la caudale plus échancrée, la frange sur les rayons du bord antérieur des nageoires inférieures absente, et la teinte de la dorsale et de la caudale est plus homogène. La ponctuation jaune est plus régulière, moins dense, les taches plus petites, étoilées et sans pourtour éclairci. La taille et le poids, 25 à 40 cm en rivière pour moins de 1 kg, vont jusqu'à 80 cm pour 8 à 10 kg en lac.

Espèce d'eau froide, d'origine marine, l'omble chevalier, sédentarisé en lac, se nourrit de toute la faune lacustre et se reproduit en hiver à grande profondeur (60 à 80 m) sur des fonds pierreux propres. L'hybridation avec d'autres salmonidés donne des sujets très recherchés en pêcheries commerciales.

Autochtone en France et en Suisse, il a été transplanté successivement dans plusieurs plans d'eau d'altitude dans les Alpes, le Massif central et les Pyrénées. Présent originellement dans le lac Léman et dans plusieurs lacs suisses jusqu'à 3000m d'altitude, il y est actuellement accompagné d'individus d'élevage.

D'origine boréale, signalé du Jura sans précision par les anciens auteurs, il a fait l'objet de tentatives d'acclimatation dans les lacs naturels et artificiels de la montagne jurassienne en 1924 et 1939. Renouvelées dans le lac de Saint-Point (F-Doubs) à partir de poissons originaires de la pisciculture de l'INRA à Thonon-les-Bains, elles se sont soldées par un échec.

© H. Carmié

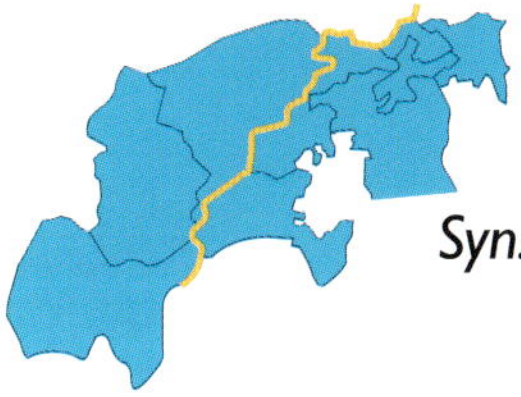

# Cristivomer

## Salvelinus namaycush (Walbaum, 1794)

*Syn. français :* **Truite du Canada, Truite des lacs d'Amérique, Omble du Canada, Truite grise, Saumon namaycush**

*Syn. latin :* **Cristivomer namaycush**

© E. Vigneux

Salmonidés

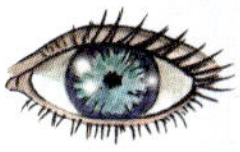

La morphologie est celle des ombles à tête allongée, à fin pédoncule caudal et à nageoire échancrée au bord postérieur. La base des flancs et les nageoires inférieures sont teintées de rose clair. Le ventre est blanc. Les sujets pêchés dans le Jura atteignent 70 à 80 cm pour un poids de 6 à 7 kg, et plus de 1 m pour 30 kg au Canada et dans l'Oberland bernois.

Lacustre, exceptionnel en rivière, le cristivomer est un carnivore à large spectre alimentaire, tirant profit de toute la ressource animale des plans d'eau. Sa reproduction est automnale et hivernale pour des températures de l'eau inférieures à 10 °C, sur des fonds pierreux, sous plus de 10 m d'eau.



Originaire des régions septentrionales de l'Amérique du Nord, introduit en France au XIXe siècle et dans plusieurs lacs naturels et artificiels du massif jurassien, principalement dans le bassin de l'Ain, le cristivomer ne semble pas avoir fait souche et les preuves de sa reproduction ne sont pas établies. Cette espèce d'eau froide et profonde n'a pas trouvé les conditions nécessaires à sa reproduction dans les lacs de l'arc jurassien. Signalé essentiellement dans les lacs en Suisse jusqu'à près de 3000 m d'altitude, sa reproduction y est avérée et il est considéré comme fréquent dans les quatre bassins hydrographiques du territoire helvétique.

Un individu a été identifié dans le lac de Saint-Point (F-Doubs) en 2003. Cette mention exceptionnelle résulte certainement d'un empoissonnement particulier et discret.

# Corégone

## Coregonus lavaretus (Linné, 1758)

*Syn. français :* **Lavaret**

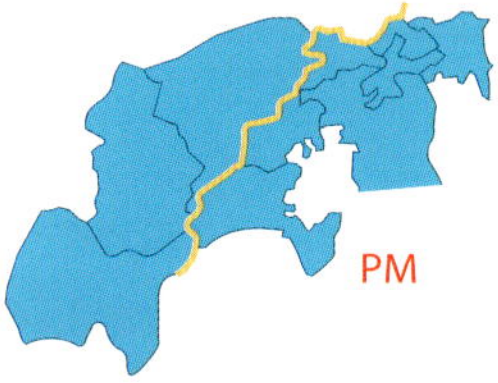

Corégonidés

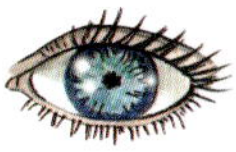

Il est difficile de présenter le corégone sous une forme singulière, dans une famille riche en sous-espèces et en écotypes, pouvant prendre plusieurs noms dans le même plan d'eau, comme dans le lac de Constance, où le lavaret pélagique est nommé Blaufelchen et Gangfisch en zone littorale. Sous les appellations vernaculaires de gravenche, bondelle, palée et féra suivant les lieux, les corégones sont apparentés aux salmonidés par la petite nageoire adipeuse située entre la dorsale et la caudale et s'en distinguent par la petite taille de la tête et de la bouche, une coloration beaucoup moins vive et l'échancrure très prononcée de la caudale. Le corps allongé, aplati latéralement, est couvert d'écailles fines facilement détachables. La livrée est gris bleuté à bleu verdâtre, plus foncée sur le dos, nettement argentée sur les flancs et le ventre. La taille moyenne, 30 cm pour un poids moyen de 200 g, est très éloignée des valeurs mesurées dans les grands lacs du nord de l'Europe et des Alpes, 70 cm pour 10 kg.

Grégaire, essentiellement lacustre, parfois présent dans les profonds de l'aval des plans d'eau, le lavaret se rassemble en bancs plus ou moins denses à la recherche des nuages de zooplancton filtré par les branchiospines. Particulièrement friand de nymphes nageuses de certains chironomes rejoignant la surface pour éclore, il recherche également, quand le plancton est rare, les larves d'insectes et de petits mollusques dans les sédiments du fond. Le frai est hivernal, sur des fonds caillouteux sous 3 à 15 m, dans une eau de 3 à 7 °C. Dans le nord de l'Europe, certaines populations peuvent effectuer de grands déplacements pour se reproduire.

La répartition historique des corégones est liée aux glaciations de l'ère quaternaire et, au sein de la famille, le lavaret occupe essentiellement l'Europe septentrionale, de l'océan Glacial Arctique à une frange occidentale de la Grande-Bretagne et une distribution centrale étirée des lacs polonais aux plans d'eau de l'arc alpin franco-suisse.

© C. Lemmel

Son extension jusqu'à la montagne jurassienne est marquée par sa présence à plus de 1 000 m d'altitude, dans le lac de Joux (CH-Vaud), où il a été introduit en 1945. Son introduction dans les lacs français du massif jurassien à partir du lac de Neuchâtel (CH-Neuchâtel) a connu des fortunes diverses. Lancée en 1948 dans le lac de Saint-Point (F-Doubs) sous le nom de palée, elle a rapidement réussi, en dépit des prédictions pessimistes de l'époque. Sa population, riche d'adultes vieux de plus de dix ans et dépassant 50 cm pour un poids de 3 kg, pourrait faire vivre, dit-on, une famille de pêcheurs professionnels. Le lavaret occupe une place importante dans la pyramide alimentaire du lac sans avoir introduit de déséquilibre. L'installation du collecteur périphérique des eaux usées riveraines du lac de Saint-Point a permis une reprise importante de la reproduction de l'espèce dans le plan d'eau et dans celui de Remoray (F-Doubs). Dans d'autres plans d'eau, celui des Rousses (F-Jura) en particulier, la rareté des fonds pierreux a limité le frai, plus nettement encore dans le lac de L'Abbaye (F-Jura), où l'introduction a échoué.

© J. Druart

© D. Pépin

Les imprécisions taxonomiques et le florilège de noms de corégones relevés dans la littérature témoignent de la très ancienne distribution du groupe dans les eaux froides de l'hémisphère nord et de l'impact des opérations de prélèvement et d'introduction sur la spéciation du groupe dans les plans d'eau de l'est de la France, dernière étape anthropique de cette histoire.

La pêche au corégone est une institution sociale dans certains lacs du Jura. Les flottilles de barques se regroupent, les informations s'échangent, sur la profondeur des bancs de poissons, variable selon la saison, sur la nature du leurre qui « marche » et sur le matériel le plus performant qui évolue au fil des années. Pour un observateur situé sur la rive, ce manège naval évoque une petite armada aux mouvements mystérieux et incompréhensibles ; seuls le menu du casse-croûte et le millésime de la bouteille partagée n'échappent pas à son oreille.

# Lote

## Lota lota (Linné, 1758)

*Syn. français :* **Lote de rivière, Lotte**

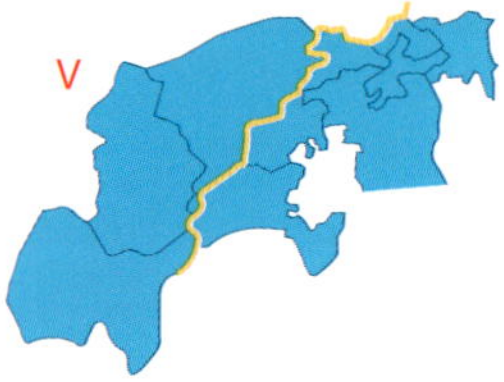


Gadidés

Seul représentant de la famille de la morue dans les eaux douces européennes, la lote est de forme apparentée à celle de l'anguille. La tête aplatie est puissante, en nette continuité avec le corps. La bouche large, légèrement ventrale et aux mâchoires garnies de fines dents nombreuses, porte trois barbillons : le premier, central, charnu, pend sous la lèvre inférieure et deux plus petits en forme de tentacules courts surplombent chaque narine. La peau, riche en mucus, porte de minuscules écailles arrondies, rudimentaires, profondément adhérentes. La première nageoire dorsale, courte et arrondie, est séparée par un petit espace de la seconde, longue et faisant nettement symétrie à l'anale, aussi longue. Toutes deux forment avec la caudale, arrondie au bord postérieur, un gouvernail efficace. Les ventrales, à deuxième rayon allongé, sont implantées à l'avant des pectorales. La robe est bigarrée, marbrée de brun, de vert olivâtre et de jaune, le ventre est blanc jaunâtre. En rivière, la lote atteint 70 cm pour un poids voisin de 3 kg. En lac, la taille peut dépasser 1 m pour un poids de 10 kg.

La lote est nettement crépusculaire et nocturne. Elle vit proche du fond et affectionne, de jour, le réseau des racines d'aulnes et les grands profonds, qu'elle gagne dans les lacs en hiver. Vorace, elle chasse la nuit la faune de fond et les poissons. On la dit friande d'œufs de poissons et en particulier, en lac, de ceux des corégones (p. 114).

La reproduction a lieu en hiver, dans une eau de 0,5 à 4 °C, sur des fonds de sable et de graviers, sous deux à plusieurs dizaines de mètres d'eau. La femelle pond de trente mille à cinq millions de petits œufs démersaux translucides et huileux, qui gagnent le fond en eau peu courante. En rivière, les systèmes latéraux d'eau calme forment le lieu de développement privilégié des alevins.

© C. Bry

Présente en Europe centrale et occidentale, absente d'Espagne, de Grèce et de la bordure occidentale de la péninsule scandinave, elle est limitée aux lacs septentrionaux italiens et également cantonnée au sud-est de la Grande-Bretagne. En France, autochtone des bassins de la Loire, de la Seine et du Rhône, présente dans les lacs vosgiens et savoyards, elle est absente de Corse. Elle est moyennement fréquente dans les trois bassins du territoire helvétique.

On doit sa présence, dans la montagne jurassienne, à la petite population résiduelle de l'Orbe (CH-Vaud) et à son signalement dans le lac de Joux (CH-Vaud). Anciennement inventoriée dans le lac des Rousses (F-Jura), elle ne figure plus dans les inventaires récents. La faible densité actuelle de ses populations dans l'ensemble de l'arc jurassien témoigne de sa sensibilité à la chenalisation des cours d'eau et à certains types de pollution par micropolluants.

© C. Lemmel

La lote a de la morue le foie, dont on dit que, pour lui, « un homme donnerait sa cotte, un évêque sa calotte et une femme sa culotte ».

Noms populaires : barbotte, motelle, moutelle.

# Perche

## Perca fluviatilis Linné, 1758

*Syn. français :* **Perche commune**

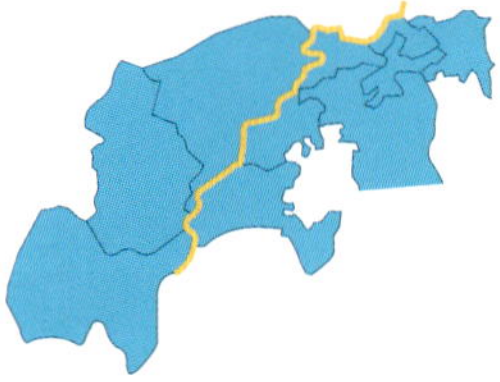

© C. Bry

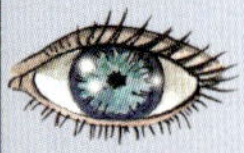

© C. Bry

Percidés

La perche tire son nom du terme grec - vert sombre - des figues en maturation. Agile et vive, à corps élevé, l'espèce, à très belle robe, est un des plus beaux poissons des eaux douces de l'hémisphère nord. La tête est courte, le museau obtus et, comme chez le brochet (p. 108), le bord postérieur de l'opercule est prolongé en pointe. L'œil, gros, témoigne de l'aptitude à la chasse à vue de cette belle dame. Les deux nageoires dorsales sont séparées par une légère échancrure, la première, épineuse, fréquemment dressée en voile de jonque, est pointée de noir au bord postérieur. La nageoire anale, située à l'aplomb de la seconde dorsale, possède deux ou trois rayons antérieurs épineux et huit à neuf rayons postérieurs mous et branchus à l'extrémité. La ligne latérale forme une trace parallèle au bord du dos, de la tête à la nageoire caudale. Les écailles, petites, à bord dentelé et armé de petites pointes, sont dites « cténoïdes » et forment une protection résistante et rugueuse au toucher. La manipulation de la perche est ainsi plus aisée mais mérite prudence, au risque de se piquer aux nageoires et à l'opercule.

Cette précaution est particulièrement justifiée, comme pour la manipulation du sandre (p. 74) ou du poisson-chat, sur les sites de rivières de plaine où sévit l'agent de la leptospirose. La robe est attrayante, d'une tonalité générale

© C. Bry

bronze doré, plus claire sur le ventre, de gris foncé à verdâtre sur le dos, atténué sur les flancs faiblement argentés et marqués de sept à neuf zébrures verticales noires. Le rouge vif des nageoires ventrales, anale et caudale ajoute à ce florissant tableau. La taille moyenne se situe entre 20 et 35 cm pour un poids de 200 à 300 g pour des valeurs exceptionnelles de 50 cm pour 1,5 à 2 kg.

Hôte ancestral des rivières de plaine et abondante dans les lacs et les étangs, la perche habite les secteurs calmes de pleine eau, au voisinage des fonds et des rivages riches en abris, et peut gagner les grandes profondeurs en hiver. Très sociale, elle se déplace en cohortes nombreuses dans le jeune âge, qui tendent à se réduire chez les adultes. Le spectacle coloré d'un banc de jeunes perches capté par le soleil est toujours un ravissement pour l'œil. Vorace et fréquemment cannibale, éclectique dans son jeune âge, elle se nourrit de toute proie vivante. Adulte, elle préfère les poissons, avec un goût prononcé pour la jeune chair. Contrairement au brochet, chasseur d'affût, elle mène des chasses de jour qu'elle poursuit en bancs parfois frénétiques qui font jaillir de l'eau, en parapluie bouillonnant, les vairons (p. 62), les ablettes (p. 96) ou les jeunes gardons (p. 104) avec qui, parfois, elle semble jouer une fois capturés. Jeune, elle est toujours convoitée par le brochet, son principal prédateur. La reproduction a lieu au printemps, dès un an chez les mâles, deux chez les femelles, dans des eaux de 7 à 14 °C. La femelle, entourée de deux ou trois mâles, décrit, au lever du jour, des cercles concentriques autour des supports végétaux dressés ou des accumulations de branchages sur lesquels elle dépose en une seule fois des rubans d'environ cent mille œufs enrobés de mucus. Le frai est particulièrement sensible au marnage des lacs à des fins hydroélectriques et au batillage induit par la navigation à moteur et les sports de glisse aquatique. Une ponte de perche décrochée de son support ne survivra pas au fond de l'eau. Les œufs sont également exposés aux prédateurs, comme le gardon, qui en est friand. Il n'est pas rare, en situation lacustre optimale, de rencontrer des bancs de perches de près d'une quinzaine d'individus matures et de belle taille et, après l'éclosion, des bancs de plus de cent perchettes. En situation typologique et d'habitat optimale, une population de perches dépasse rarement une trentaine de sujets sur 10 ares de pêche.

La perche est largement distribuée en Europe, des Pyrénées à la mer Noire, où elle côtoie les populations russe et sibérienne. Elle est absente de l'Espagne, du Portugal, de l'Italie, du sud-est de la Grèce, des marges de l'Adriatique, du nord de l'Écosse et des bassins occidentaux de la péninsule scandinave. En France, elle a gagné progressivement l'ouest et le sud à partir du nord, ses eaux d'origine. Elle est absente de Corse. Fréquente en Suisse, elle est moins abondante dans les cours d'eau que dans les lacs, où elle a été introduite jusqu'à 2 000 m d'altitude.

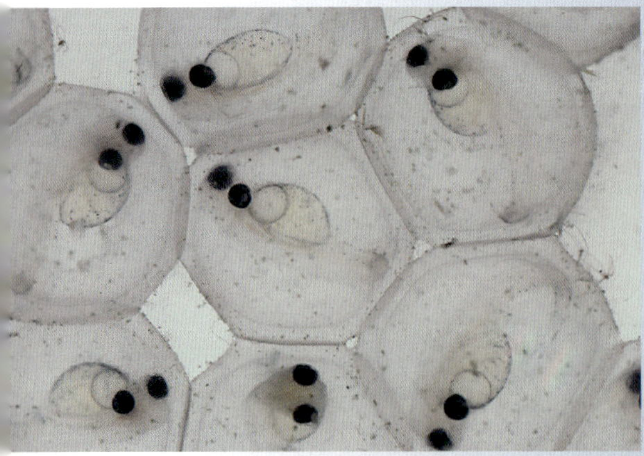
© C. Bry

© C. Bry

© C. Bry

Sa présence dans la montagne jurassienne est étroitement attachée au réseau de plans d'eau du massif, où elle cohabite généreusement avec le brochet jusqu'aux plus hautes altitudes. Elle a donné son nom, par confusion, au lac des Rouges-Truites dans le Grandvaux (F-Jura).
Cette situation ne doit pas faire oublier sa sensibilité et les menaces qui pèsent sur elle dans ses lieux de vie potamique, où ses populations sont menacées par l'altération de la qualité de l'eau et des habitats rivulaires.

La gastronomie fait une différence majeure entre les lacs suisses et les lacs français. Un plat de filets de perches du lac est un régal dans les brasseries et les restaurants helvètes, accompagné de cinq déci de fendant ! Rien à voir avec les filets de perche du Nil, dont il faut souhaiter qu'ils restent, pour longtemps encore, interdits de séjour dans ces lieux.

Noms populaires : perchat, perchot, percot.

# Perche soleil

## Lepomis gibbosus (Linné, 1758)

*Syn. français :* **Perche d'Amérique**
*Syn. latin :* **Eupomotis gibbosus**

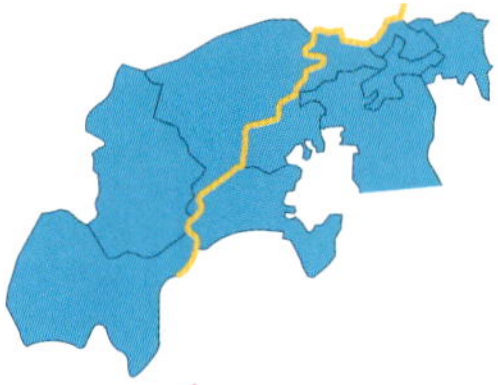

Centrachidés

Ce petit poisson, 15 à 20 cm pour 120 g, à ventre arrondi, a le corps haut, comprimé et bossu, la robe multicolore, marbrée et ponctuée d'une tache rouge vif sur l'opercule. La tête camuse forme une sorte de mufle. La nageoire dorsale, composite, a des rayons antérieurs épineux et des rayons postérieurs mous.

Carnassière vorace, la petite bossue vit en bancs clairsemés et peut attaquer des poissons plus gros qu'elle. Son goût pour les pontes lui vaut une mauvaise réputation. Les mâles, jaloux de leur territoire, se chassent, du plus fort au plus faible. La reproduction a lieu de mai à juin, dans une eau à 20 °C. Les femelles, sous la surveillance d'un mâle, déposent plusieurs dizaines de milliers d'œufs en ruban visqueux dans une fossette creusée dans le sable et les débris végétaux. Le nid et les alevins sont gardés, plutôt par le mâle, plusieurs jours après l'éclosion.

Originaire d'Amérique du Nord, introduite en Europe vers 1880, la perche soleil s'est étendue des Pyrénées à l'Europe centrale sauf dans ses territoires méridionaux, dans presque toute l'Angleterre et la péninsule scandinave. En France, elle est partout (sauf en Corse) mais peu abondante. Elle est rare en Suisse.

Irrégulière dans la montagne jurassienne, elle est présente dans les retenues du Doubs frontalier et certains étangs, comme dans le bassin du Drugeon (F-Doubs). Ses effectifs actuels se réduisent mais cette évolution ne trouble personne, la perche soleil étant souvent jugée indésirable et introduite par erreur.

Noms populaires : tricolore, bossue.

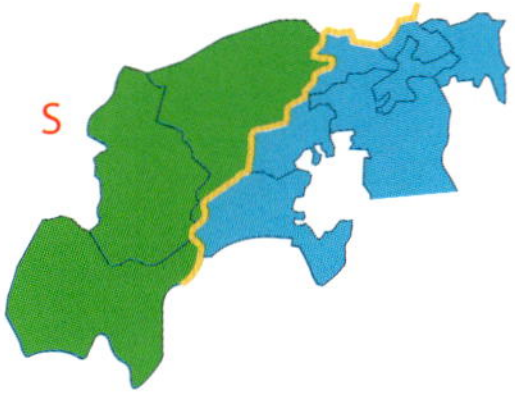


# Grenouille rieuse

## *Rana ridibunda* Pallas, 1771

Ranidés

La grenouille rieuse atteint parfois 15 cm de long. Sa peau verruqueuse est grisâtre, jaunâtre à brunâtre, avec parfois du vert olive dans la moitié antérieure du corps. Le dos porte souvent une ligne médiane blanchâtre ou vert jaunâtre et des points brunâtres. Les sacs vocaux sont gris et le chant est un ricanement caractéristique.

À l'origine, cette espèce fréquentait de vastes plans d'eau naturels et les bords calmes des grands cours d'eau. Elle colonise désormais les sablières et les cours d'eau canalisés. Son développement en cours dans le massif du Jura n'est pas un bon signe pour les milieux naturels, où elle entre en compétition avec d'autres amphibiens.

Son aire de répartition principale se trouve en Europe centrale. Bien présente en Pologne, elle atteint les pays baltes et l'Ukraine. Au sud-est et vers le Proche-Orient, elle est remplacée par des espèces apparentées. À l'ouest, sa limite naturelle se situait sur le Rhin, mais elle a été introduite à partir des années 1950 notamment en France et en Suisse, où son expansion se poursuit.

La grenouille rieuse a été introduite au lac de Joux (CH-Vaud) vers 1960 à l'altitude de 1 000 m, mais elle ne s'est pas maintenue. Côté français, elle atteint au moins la confluence de l'Ain et de la Bienne (F-Jura). Elle est signalée depuis 1997 vers 850 m entre les lacs de Remoray et de Saint-Point (F-Doubs). Elle est présente à 880 m au lac de L'Abbaye (F-Jura) et à 825 m dans un lagunage proche de Saint-Laurent-en-Grandvaux (F-Jura).

# Grenouille verte
## Rana kl. esculenta Linné, 1758

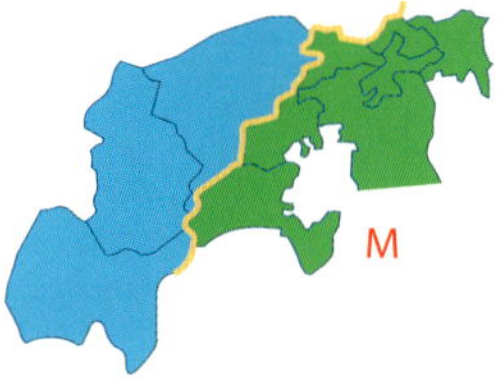


Ranidés

Il faut préciser que la grenouille verte est un hybride naturel entre la grenouille rieuse (p. 125) et la grenouille de Lessona *(Rana lessonae)*, ou petite grenouille verte. Elle se maintient par reproduction avec l'une des espèces parentes suivant des processus génétiques complexes. Sa distinction morphologique est parfois impossible avec la grenouille de Lessona. La grenouille verte est en général de taille moyenne : 9-11 cm, contre 5-8 cm pour la petite grenouille verte. La face dorsale est d'un vert souvent vif avec ou sans taches noires (plutôt brunes chez la grenouille rieuse), plus ou moins alignées sur les flancs. Les sacs vocaux du mâle sont blancs à blanc-gris. Le chant émis en chœur, sonore au printemps, par phases de jour et de nuit, est bien plus proche de celui de la petite grenouille verte que de celui de la grenouille rieuse.

Qui n'a jamais entendu le plongeon de dizaines de grenouilles vertes dérangées successivement par le passant au bord de l'eau ? Qui n'a vu une grenouille verte flottant immobile à la surface de l'eau, prête à capturer l'insecte imprudent ? De nombreux types d'habitats aquatiques sont en effet occupés la plus grande partie de l'année par cette espèce, mélangée en proportion variable avec la grenouille de Lessona. Il peut s'agir d'un lac, d'un étang, d'une mare, y compris en tourbière, d'une gravière ou encore de la bordure calme d'un cours d'eau. Un bon ensoleillement est de règle, et le plus souvent la végétation aquatique est abondante (facteur

© D. Pépin

apprécié surtout par la grenouille de Lessona). Les ornières inondées des chemins sont souvent colonisées par les jeunes.

La grenouille verte est présente dans le sud de l'Angleterre, puis sa distribution s'étend de la France (où elle est commune) à l'Ukraine et au-delà. Au nord, elle atteint le bord méridional de la Suède et l'Estonie, et au sud elle effleure la Bulgarie. En France, elle manque dans le tiers sud et dépasse 1 200 m dans le Massif central. En Suisse, elle ne va guère au-delà de 1 000 m. En plaine suisse, les populations mixtes de grenouille verte et de grenouille de Lessona régressent face à la grenouille rieuse, espèce introduite. Il faut espérer que cette dernière ne pourra pas prospérer en montagne.

Déjà assez localisée sur les premiers plateaux des départements du Doubs et du Jura vers 600 m, la grenouille verte, en mélange avec la grenouille de Lessona, se raréfie avec l'altitude. Elle n'est donc pas une espèce commune dans la montagne jurassienne. Elle est présente dans le bassin du Drugeon (F-Doubs) vers 850 m. Elle devient rare au-delà de 900 m. Il faut noter sa présence au lac des Rousses (F-Jura) vers 1 050 m, à Arsure-Arsurette (F-Jura) à plus de 1 100 m et au lac de Lamoura (F-Jura) à 1 150 m. Dans les Franches-Montagnes suisses, plusieurs stations dépassent 1 000 m. Elle atteint 1 032 m dans un étang à Tramelan (CH-Berne). Elle n'est pas connue des « goyas » de la haute chaîne du Jura (F-Ain).

© F. Schwaab

© F. Schwaab

© F. Schwaab

© F. Schwaab

# Grenouille rousse

## *Rana temporaria* Linné, 1758

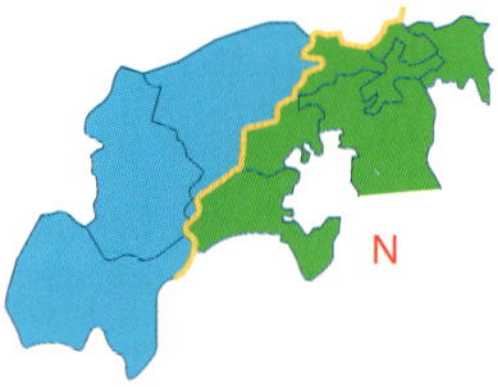


Ranidés

La grenouille rousse mesure de 7 à 10 cm. La tête est courte, le museau est arrondi voire aplati chez les grands individus. Dans la montagne jurassienne, le mâle est souvent brun-gris à gris, plus ou moins tacheté ou marbré de noir et/ou de brun foncé. La femelle est fréquemment brun-orange à orange, moins tachetée, et la peau présente souvent des granulations sur les flancs. Chez les deux sexes, une barre sombre s'élargit du museau jusque loin en arrière de l'œil, dont l'iris est doré. La face ventrale est blanc jaunâtre, tachée ou marbrée de noirâtre et/ou de rougeâtre. Lors de la reproduction, le mâle possède aux pouces des callosités noires. Les pattes postérieures sont relativement courtes.

Les sites de reproduction de la grenouille rousse sont très divers. Il s'agit de mares, marais, lacs ou étangs, ou encore d'anses calmes de cours d'eau. Les pontes, déposées de mars à début juin selon l'altitude, se trouvent rassemblées par dizaines, centaines, voire milliers, en eau peu profonde (moins de 50 cm en général). Présents à l'eau quelques heures pour les femelles ou quelques jours pour les mâles, tous les adultes regagnent ensuite le milieu terrestre. Il est assez fréquent qu'une baisse de niveau ou le gel détruisent des pontes. Bientôt, un grouillement de têtards sombres animera le bord des eaux, puis viendra l'émergence spectaculaire des petites grenouilles.

© F. Schwaab

© J.-M. Moingeon

© E. Craney

Pontes

La grenouille rousse est présente des îles Britanniques et du nord de l'Espagne au Japon, ainsi que du nord de la Fennoscandie au nord de la Grèce. En France continentale, elle est bien répandue. Elle est cependant rare ou absente dans le Midi, le centre et le sud-ouest. Elle est surtout commune en montagne et dépasse 2600 m dans les Alpes et les Pyrénées. En Suisse, elle est connue dans l'ensemble des cantons, où elle est en général l'amphibien le plus abondant. Elle atteint 2630 m dans les Alpes des Grisons.

Même si elle est assez commune en plaine, la grenouille rousse est une espèce typique de la montagne jurassienne. La reproduction est constatée un peu partout dans le massif jusqu'aux plus hautes altitudes. Elle est ainsi attestée à 1570 m au Chasseral (CH-Berne) et vers 1600 m à proximité du Colomby-de-Gex (F-Ain). En Suisse, l'espèce, strictement protégée, ne peut être capturée pour la consommation. On importe donc des grenouilles, ce qui déplace le problème de la pérennité des espèces. Côté français, vingt-quatre producteurs agréés commercialisent deux cent cinquante mille individus, qui représenteraient 20 % du total de la consommation, le reste étant surtout des grenouilles rieuses de Turquie. On ne peut que regretter l'usage des nasses, non sélectives, déposées dans les « trous à grenouilles ». Conformément à la notion de capture pour consommation familiale autorisée depuis 1980, il faut veiller attentivement à un prélèvement modéré au sein d'une population s'étant en grande partie reproduite.

Noms populaires : rénouille (F-Doubs), rénoille (Les Rousses, F-Jura).

# Crapaud commun

## Bufo bufo (Linné, 1758)

*Syn. latin :* **Bufo vulgaris**

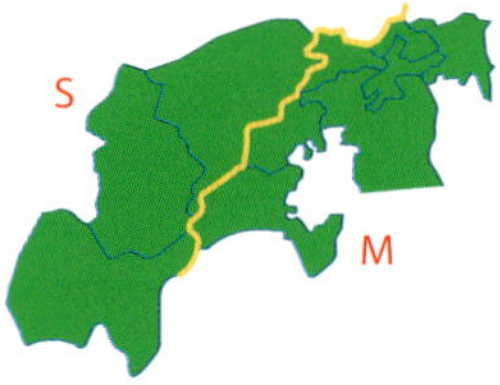


Bufonidés

Le crapaud commun a le corps massif, la tête plate et le museau émoussé, ainsi que des membres courts et robustes. Sa peau est verruqueuse et il possède une grosse glande saillante en arrière de chaque œil. Le mâle mesure 7 à 10 cm et la femelle jusqu'à 13 cm. Sa coloration générale est brune plus ou moins rougeâtre, gris-jaune, verdâtre, parfois tachetée ou marbrée de sombre. Cet ensemble plutôt terne fait contraste avec son bel iris cuivré. Au printemps, le mâle présente des callosités noirâtres aux pouces.

L'activité du crapaud commun se passe en milieu terrestre, souvent dans une forêt feuillue ou un pré-bois, dont un muret lui sert fréquemment d'abri. À l'automne, les adultes se rapprochent de leur lieu de naissance. Ils hibernent cachés dans un gîte. Au cours d'une douce nuit de printemps, ils migrent vers une mare, un étang ou un lac, voire une zone lente d'un cours d'eau. Suivant les cas, ces sont des dizaines, des centaines ou des milliers d'individus qui se rassemblent. Les petits cris des mâles sont incessants. Il n'est pas rare qu'une demi-douzaine de mâles s'agglomèrent sur une femelle presque étouffée. Après la fécondation, de longs cordons d'œufs sont emmêlés dans la végétation en eau profonde d'environ 50 cm. Les adultes retournent bientôt à terre et deviennent essentiellement nocturnes. Viendra le temps des têtards, puis celui de l'émergence d'innombrables crapelets au début de l'été. Les œufs et les têtards sont protégés des poissons prédateurs par des substances répulsives.

© D. Pépin

L'aire de répartition du crapaud commun en Europe est très vaste. Il n'est absent que d'Irlande, du nord de la Fennoscandie, des îles méditerranéennes, de Crimée, ainsi que de certains secteurs proches de l'Oural et de la mer Caspienne. En France continentale, il est fréquent dans toutes les régions. Il atteint 1 500 m dans les Alpes et 2600 m dans les Pyrénées. En Suisse, il est bien représenté dans tous les cantons. Il est connu à 2360 m dans les Alpes du Valais.

Même si le crapaud commun est fréquent en plaine, la montagne jurassienne lui fournit de vastes biotopes terrestres moins dégradés par l'agriculture, et de ce fait riches de toutes sortes d'invertébrés-proies. Les grands lacs jurassiens aux berges sinueuses et aux ceintures végétales diversifiées offrent de bonnes conditions de reproduction. Plus modestement, les « goyas » de la haute chaîne du Jura (F-Ain) permettent à l'espèce de se maintenir à plus de 1 500 m d'altitude. Côté suisse, il est également abondant et atteint 1 420 m au Chasseral (CH-Berne).

Non consommable, on lui reproche parfois son existence jugée inutile par rapport à la grenouille rousse (p. 128), dont il ne partage pourtant pas totalement l'habitat ni le régime alimentaire. Capturé dans les nasses par certains «grenouillards», le crapaud commun, espèce strictement protégée en France, est alors quelquefois détruit. Par ailleurs, il paie un lourd tribut au trafic automobile.

Noms populaires : bot, cropiau (Houtaud, F-Doubs).

© D. Pépin

© D. Pépin

© J.-C. Riot

# Crapaud calamite

## Bufo calamita Laurenti, 1768

*Syn. français :* **Crapaud des joncs**

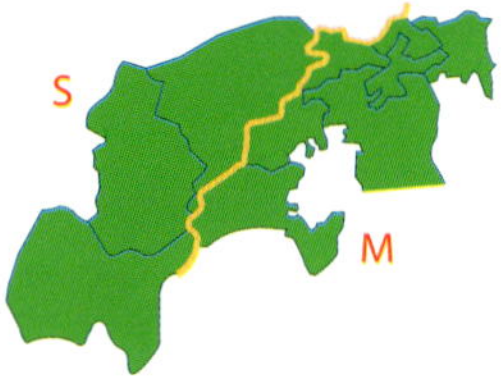

© F. Schwaab

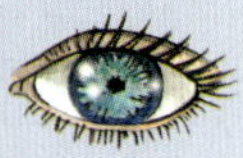

Bufonidés

Le crapaud calamite a une taille d'environ 6 cm chez le mâle et 7 cm chez la femelle. Il est donc plus petit que le crapaud commun (p. 130), dont il diffère aussi par l'iris doré (cuivré chez le crapaud commun), des membres postérieurs plus courts (il se déplace donc en trottinant et non par petits sauts comme le crapaud commun), enfin un dos non uni mais marbré de diverses nuances de vert ou de brun sur fond grisâtre à brunâtre plus clair, avec une ligne médio-dorsale jaune, parfois blanchâtre ou rougeâtre, rarement absente. Les verrues dorsales du crapaud calamite portent des points rougeâtres.

Ses pattes courtes et robustes lui confèrent une bonne adaptation aux sols peu végétalisés. À l'origine, il occupe entre autres les milieux sableux ou graveleux naturellement rajeunis par les crues des cours d'eau et les abords dégagés des plans d'eau naturels à niveau variable. Ces milieux étant devenus rares par endiguement, drainage ou urbanisation, l'espèce a colonisé secondairement les sablières, gravières et terrains industriels pourvu qu'un point d'eau bien ensoleillé, peu profond et pauvre en végétation soit présent. Ces conditions n'étant remplies que quelques années avant l'enfrichement, la présence de l'espèce est souvent fugace. Des actions ciblées de conservation deviennent alors nécessaires. Une autre caractéristique importante est le puissant chant ronronnant du mâle, un chœur étant

© F. Schwaab

Ponte

© D. Pépin

audible à environ 1 km. Autre élément notable chez cette espèce pionnière, la reproduction peut être observée au printemps et en été selon la présence ou non d'eau dans les mares.

La distribution du crapaud calamite est assez large. Elle s'étend de la péninsule Ibérique jusqu'au centre de la Biélorussie. Au nord, elle atteint le Danemark, le sud de la Suède ainsi que les pays baltes. L'espèce est présente dans une partie des îles Britanniques. En France, le crapaud calamite est connu dans toutes les régions, mais son aire devient lacunaire vers le nord. Présent surtout en plaine et en zone collinéenne, il atteint cependant 1 400 m dans le Massif central et 1 700 m dans les Alpes et les Pyrénées. En Suisse, il est connu seulement au nord des Alpes, surtout en plaine.

L'espèce est rare et sans doute en régression dans la montagne jurassienne. Elle occupe par exemple certaines sablières dans le bassin du Drugeon (F-Doubs). Il est possible que la restauration récente des méandres de ce cours d'eau lui soit à terme favorable. Fait remarquable, le crapaud calamite est connu autour de trois plans d'eau naturels affectés de variations de niveau : le lac de l'Entonnoir à Bouverans (F-Doubs) et deux étangs à La Chaumusse (F-Jura) et Arsure-Arsurette (F-Jura), où il atteint l'altitude record de 930 m. Il n'est noté dans aucun des «goyas» des monts Jura, ni du haut Bugey, ni du Valromey (F-Ain). Dans la partie suisse, il est très localisé. Il est connu par exemple dans les gravières des vallées de la Birse et de la Sorne (CH-Jura), faute de milieux plus naturels.

# Lézard vivipare

## Lacerta vivipara Jacquin, 1787

*Syn. latin :* **Zootoca vivipara**

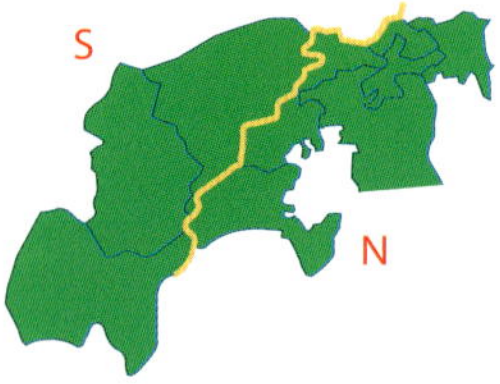

© D. Pépin

© D. Pépin

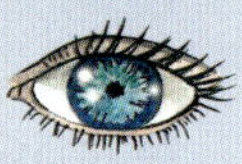

Lacertidés

Le lézard vivipare se caractérise par une tête courte, assez haute et peu distincte du cou, ainsi que par des pattes brèves, différences notables avec le lézard des murailles (p. 82). Ce petit lézard mesure environ 15 cm dont presque les deux tiers pour la queue. Le dos est généralement brun, roux, voire grisâtre, avec souvent une ligne axiale plus foncée ou noire, continue ou non, bordée sur chaque côté de points sombres ou clairs. Le flanc tacheté est souvent plus sombre que le dos. Le ventre est jaune à rouge orangé, plus vif chez le mâle, où il est souvent tacheté de noir. Le tout jeune individu est presque noir. Le mélanisme n'est pas rare chez cette espèce.

La femelle met au monde des répliques miniatures de l'adulte, aptes à se déplacer et à se nourrir. Cela confère à l'espèce une grande capacité d'adaptation à des milieux montagnards frais délaissés par les autres lézards, dont les œufs ne pourraient se développer jusqu'à l'éclosion.

Les biotopes occupés par le lézard vivipare sont extrêmement variés. Outre les tourbières, les marais bordant les lacs, les prairies humides, les coupes et lisières forestières, il occupe les murets et « murgers » (avec ou sans buissons) des prairies et pelouses. En s'élevant en altitude, il est plus souvent associé aux éboulis et autres milieux rocheux, même frais et de faible superficie. Sur les sommets, il se contente d'une mini-zone d'érosion, d'un sentier de bétail, d'une

pierre isolée pour s'insoler, et enfin, en l'absence ultime de pierre, une touffe dense de graminée lui sert d'abri et de poste d'insolation.

Ce reptile est présent depuis l'Irlande à l'ouest jusqu'à Sakhaline à l'est. Il atteint 70° de latitude nord en Fennoscandie et en Russie. Au sud, il dépasse un peu les Pyrénées, atteint les Alpes françaises et italiennes, une partie de l'ex-Yougoslavie, les Balkans, le sud de l'Oural et le nord de la Mongolie. Il est connu des dunes du bord de mer jusqu'à 3500 m d'altitude. En France continentale, il est assez largement présent et atteint 2500 m dans les Alpes du Nord. Sa distribution montre cependant des lacunes entre la Loire et la Garonne, au nord du Massif central, le long de l'axe rhodanien et au sud-est. Il est également absent de Corse. En Suisse, il est largement répandu, surtout en altitude.

Le lézard vivipare est commun dès 700-800 m d'altitude et il est le seul reptile qui se maintient sur les plus hauts sommets jurassiens, aussi bien dans la partie suisse que du côté français. Il atteint environ 1 700 m sur le Crêt-de-la-Neige (F-Ain). À ce titre, il est le lézard typique de la montagne jurassienne. Des nuances existent cependant dans sa répartition, avec par exemple un gradient négatif d'abondance de la Dôle (CH-Vaud) au canton de Soleure. Dans le Jura argovien, des milieux apparemment favorables, mais en fait trop secs, sont occupés par le lézard agile (p.152).

Antigel : en hiver, caché dans un abri sous la neige, le lézard vivipare assure sa survie par la synthèse d'un antigel naturel !

# Couleuvre à collier
## Natrix natrix (Linné, 1758)

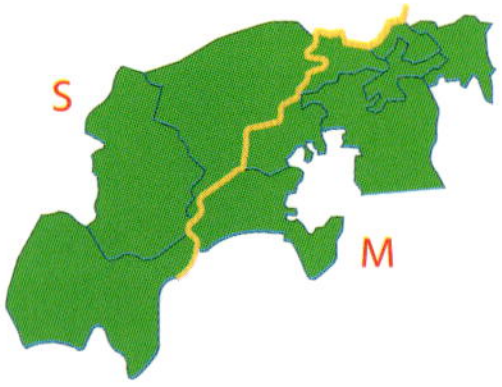


Colubridés

Tout promeneur attentif a aperçu un jour au bord de l'eau la silhouette fuyante de cette couleuvre grise (rarement brunâtre ou noire), longue de 60 cm à 1 m dans la région, présentant un collier jaune parfois orangé ou blanc, souligné de noir. Ce dernier est très net chez le jeune et s'estompe chez le sujet âgé. Les côtés de la tête et les flancs sont barrés de noir, le ventre montre un damier noir et blanc. La pupille est ronde, les écailles du dessus de la tête sont grandes, différences notables entre couleuvres et vipères.

Comme la couleuvre vipérine (p. 88), face au danger, elle élargit la tête en triangle, gonfle le corps, souffle et donne des coups de museau, sans mordre (elle n'est bien sûr pas venimeuse). Capturée, le bluff continue : le corps se relâche, la gueule est ouverte, langue pendante. Remise au sol, elle reste immobile une ou deux minutes, puis fuit. Une autre défense bien connue réside dans la sécrétion nauséabonde de ses glandes cloacales, qui identifie des heures durant la personne trop curieuse.

Les rares biotopes vraiment montagnards de la couleuvre à collier sont les abords de certains lacs et marais associés, tourbières, étangs voire mares. Les plus hauts sommets n'abritent cependant aucune population, même autour des « goyas » des monts Jura (F-Ain) vers 1 200-1 500 m. Enfin, des individus peuvent être observés loin de tout point d'eau.

Cette espèce a une très vaste répartition eurasiatique et nord-africaine. Elle est présente dans presque toute l'Europe, sauf en Irlande, Écosse, Crête et Malte. En France, c'est le seul serpent occupant à peu près tout le territoire. Elle atteint 1 200 m dans le Massif central et 2 300 m dans les Alpes. C'est aussi le serpent le plus répandu en Suisse, son abondance étant

© F. Schwaab

© F. Schwaab

nettement plus faible en montagne, bien qu'elle soit connue à 1980 m dans les Alpes.

© J.-C. Riot

C'est par les vallées qu'elle atteint la montagne jurassienne. Citons la haute vallée du Doubs de façon lacunaire avec une population vers Mouthe (F-Doubs), mais il faut noter son absence dans le bassin du Drugeon (F-Doubs). Elle est également présente sur le Dessoubre (F-Doubs). Vers l'est, elle fréquente la vallée de la Sorne (CH-Jura) et remonte la Jougnena jusqu'à Jougne (F-Doubs). Dans le bassin de l'Ain, elle est attestée sur la Serpentine jusqu'à Nozeroy (F-Jura), la Saine jusqu'à Foncine (F-Jura) et la Bienne jusqu'aux Rousses (F-Jura). Plus au sud, elle est connue par exemple sur la Semine (F-Ain) et jusque sur la haute Valserine (F-Ain).
Elle atteint parfois les plateaux et les reliefs élevés. C'est le cas entre autres à Foncine-le-Haut (F-Jura) à 1 050 m, à Grande-Rivière (F-Jura) à 900 m, à Ravilloles (F-Jura) et Viry (F-Jura) vers 850-870 m. Enfin, les altitudes maximales sont connues dans le massif du Risoux au-dessus de Bois-d'Amont (F-Jura) à plus de 1 100 m, et à 1 200 m à Rochejean (F-Doubs) et aux Longevilles-Mont-d'Or (F-Doubs).

Noms populaires : serpent nageur, anguille de haie, serpent d'eau, gicle (F-Doubs et Jura).

# Prairies et mares

Les prairies sont actuellement les plus vastes milieux ouverts de la montagne. Elles en constituent ainsi un élément paysager majeur en contraste avec les forêts mixtes ou résineuses. Quelques grandes catégories peuvent être différenciées en fonction de leur situation et de leur mode d'exploitation : prairies de fauche des combes, prairies pâturées des versants ou des plateaux, pelouses rocailleuses bosselées des « communaux », alpages associés aux plus hauts sommets. Des nuances existent dans leur peuplement herpétologique.

Vers 800-1 200 m, les prairies sont souvent maillées de haies, héritage d'un ancien parcellaire consacré au labour jusqu'au XIXe siècle, avant le développement de l'élevage bovin. Autre élément caractéristique de ces prairies, les murets, avec ou sans arbres ou arbustes, ainsi que les « murgers ». Ils abritent souvent l'orvet et le lézard vivipare, à côté d'amphibiens comme le triton alpestre, le crapaud commun et la grenouille rousse en période estivale. En longeant lentement un muret avec un regard attentif, il est possible de surprendre un reptile se chauffant au soleil du matin ou de la fin d'après-midi. Il faut alors éviter de le déranger. Lorsque la température devient excessive, il se retire peu à peu à l'abri d'un buisson ou d'une grosse pierre. La conservation des murets, « murgers » et haies est donc très importante pour ces espèces.

Les communaux pâturés avec des bosses rocailleuses – où se développe le genévrier – et des petites dépressions parfois humides (les plus vastes d'entre elles jadis labourées, souvent fauchées désormais) forment des ensembles écologiquement très

© D. Pépin

diversifiés, fréquentés par des espèces peu communes : lézard agile, coronelle lisse, vipère aspic ou vipère péliade. La réduction continue de la main-d'œuvre agricole depuis cinquante ans, d'où la baisse de la coupe manuelle des buissons, le quasi-abandon du pâturage de certains communaux – pourtant riches floristiquement – jugé peu rentable et, plus anciennement, la diminution des ovins et caprins dans la montagne jurassienne au profit des bovins, ont entraîné leur entrée brutale dans la modernité. Ainsi est apparue une mécanisation excessive de leur reconquête, où la notion d'entretien et donc de respect des cycles naturels d'extension des ligneux fut totalement occultée, de même que l'aspect écologique, jugé au mieux anecdotique. De prétendues valorisations pastorales, avec usage du « casse-cailloux », ont induit l'arasement de presque tous les éléments ligneux et rocheux. Ces opérations ont donc fortement et irrémédiablement banalisé certains secteurs écologiquement remarquables, notamment sur le plateau de Nozeroy (F-Jura).

Grenouille rousse

Lézard vivipare

Plusieurs des grandes et si belles pelouses des hauts sommets, en particulier de la Dôle (CH-Vaud) jusqu'au Grand-Crêt-d'Eau (F-Ain), à plus de 1600 m, sont parcourues de dizaines de kilomètres de murets, certains faisant limite entre communes, départements ou pays. La

vaste réserve naturelle de la Haute-Chaîne du Jura (F-Ain) garantit leur pérennité. À ces altitudes élevées, les murets balayés par les vents sont pauvres en végétation arbustive, aussi abritent-ils essentiellement le lézard vivipare, bien adapté à ces rudes conditions.

Les mares sont un autre élément assez régulièrement associé aux prairies. Elles sont de types divers : la surface varie de quelques mètres à plusieurs dizaines de mètres carrés ; la berge est en pente douce à abrupte, car parfois adossée à la roche sur un côté ; la profondeur peut dépasser 1 m mais l'assèchement estival est fréquent, facteur décisif de limitation des poissons compétiteurs ou prédateurs des amphibiens. Souvent installées dans des dolines, elles sont alors issues d'un colmatage naturel par lessivage d'éléments argileux. Dans d'autres cas, l'homme les a imperméabilisées avec de la marne, comme dans certains « goyas » de la haute chaîne ou dans les Franches-Montagnes (CH-Jura). Rançon de la technique, leur colmatage déficient a, dans certains cas, été complété de bâches. Il est recommandé de procéder à d'éventuels travaux de curage à la fin de l'été, période de basses eaux durant laquelle la plupart des jeunes amphibiens ont accédé à la vie terrestre.

La flore de ces mares est plus ou moins diversifiée : parfois nulle en haute altitude, elle compte souvent renoncules, potamots et joncs, qui permettent à de nombreux amphibiens de déposer leurs œufs. Les têtards y trouvent ensuite abri et nourriture abondante. Présent jusque sur la haute chaîne et sur le plateau de Retord (F-Ain), le triton alpestre est accompagné par le triton palmé (jusque vers 1 100 m), plus rarement par le triton ponctué (jusque vers 1 000 m) ou le triton crêté (jusque vers 1 300 m sur le Retord), ces deux derniers étant le plus souvent hôtes des mares ensoleillées riches en végétation aquatique. L'alyte accoucheur est aussi un habitant régulier des abords des mares de la montagne pourvu qu'elles voisinent avec une structure pierreuse : muret, « murger », citerne ou éboulis.

Le maintien des prairies d'élevage en montagne, et donc des mares-abreuvoirs associées, fait contraste avec les zones de plus basse altitude, où elles ont fortement régressé depuis vingt-cinq ans à cause des cultures de maïs en particulier, d'où le comblement regrettable d'un grand nombre de points d'eau abritant la reproduction d'amphibiens. Mais même en

Triton alpestre

© F. Schwaab

montagne, la pérennité des mares n'est pas assurée, puisqu'elles sont quelquefois remplacées par des abreuvoirs automatiques alimentés par un système d'adduction, comme dans les Franches-Montagnes.

C'est donc l'addition de vastes prairies de montagne à ces éléments plus modestes mais indispensables que sont les haies, murets, « murgers » et mares qui forme un riche écosystème fonctionnel à préserver au bénéfice des amphibiens et des reptiles.

Alyte accoucheur

© F. Schwaab

© D. Pépin

# Triton alpestre

## Triturus alpestris (Laurenti, 1768)

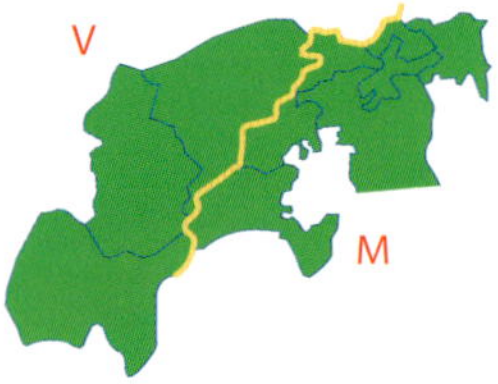


Salamandridés

Ce triton possède un corps assez robuste, long de 8 à 9 cm pour le mâle, 10 à 13 cm pour la femelle, aux membres courts, et une queue membraneuse comprimée latéralement. En livrée nuptiale, le dos du mâle est bleu grisé. Les côtés de la tête, les flancs, les pattes, la crête dorso-caudale et une partie de la queue sont blanc argenté à jaunâtre, tachetés de noir ; une ligne bleu ciel marque le bas des flancs. En dehors de la période de reproduction, le mâle perd sa crête et devient plus terne, comme la femelle. Cette dernière ne présente pas de crête ni de ligne latérale bleu ciel, et arbore un dos généralement gris foncé, souvent marbré de vert olive. Le ventre et la gorge sont orange, parfois jaunes ou rougeâtres.

À l'époque de la reproduction, on peut observer les tritons même en pleine journée, nageant doucement dans les eaux claires. Après les parades nuptiales et l'accouplement, la femelle dépose ses œufs dans la végétation aquatique. De façon générale, le triton alpestre recherche plutôt des eaux fraîches et ombragées (ruisseaux forestiers, mares, fossés…).

© J.-M. Moingeon

© F. Schwaab

© D. Pépin

Cependant, en altitude, on le rencontre fréquemment dans des milieux ensoleillés. Ensuite, les adultes se dispersent dans un rayon d'environ 150 m autour du site de ponte, s'abritant la journée sous des souches, des pierres… En montagne, ils peuvent rester à l'eau jusqu'à l'automne et les larves n'atteignent parfois la métamorphose que l'année suivante. Au printemps, les adultes se nourrissent fréquemment de pontes de crapauds et de grenouilles.

Le triton alpestre occupe l'Europe moyenne et méridionale, du sud du Danemark au sud de l'Italie et de la Grèce, et de l'ouest de la France jusqu'au centre de la Roumanie et de la Bulgarie. Des populations isolées existent au nord de l'Espagne. Il est souvent absent en plaine. En France, ce triton est commun au nord de la Loire et à l'est de l'Allier. Il est répandu dans la majeure partie de la Suisse, étant souvent le triton le plus abondant, en plaine comme en montagne. Très localement, il peut cependant se trouver plus rare que d'autres espèces, en particulier en zone alluviale.
Les principaux facteurs de sa régression sont, en plaine, la destruction des mares-abreuvoirs, et en montagne, l'alevinage fréquent des lacs en poissons prédateurs.

Le triton alpestre est commun dans la montagne jurassienne. La plupart des eaux stagnantes, ainsi que les anses calmes et les cuvettes des cours d'eau, même assez froids, lui conviennent. En présence de poissons, la richesse en plantes aquatiques lui permettant de s'abriter devient un facteur important. Au-delà de 1 100 m d'altitude, il est souvent le seul triton encore présent. Presque tous les « goyas » des alpages l'hébergent. L'espèce est ainsi connue au Chasseral (CH-Berne) à 1 420 m et dans les monts Jura (F-Ain) vers 1 600 m. Dans les plus vastes de ces mares, les effectifs de tritons alpestres adultes présents en même temps peuvent atteindre plusieurs centaines.

Nom populaire : garde-fontaine (F-Jura).

# Triton crêté

## *Triturus cristatus* (Laurenti, 1768)

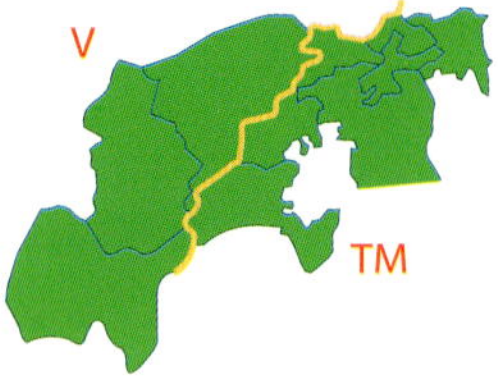

© F. Schwaab

© F. Schwaab

Salamandridés

Il s'agit du plus grand des quatre tritons de la région considérée. Chez le triton crêté, le mâle atteint en effet 14 cm et la femelle 16 cm. La peau dorsale est granuleuse, de coloration brun-noir avec des taches noires formant parfois chez le mâle un réseau sur fond blanc vers la tête. Des ponctuations granuleuses blanches ornent les flancs. Cet ensemble fait contraste avec la belle face ventrale jaune orange vif ponctuée de noir. Il faut aussi noter que, vus de dessus, les doigts sont barrés de noir et de jaune orange, caractère visible dans l'eau claire différenciant les jeunes tritons crêtés (dont certains restent à l'eau) de la femelle assez grande du triton alpestre (p. 142). Le mâle présente au printemps une haute crête dorso-caudale dentelée et sombre, sauf une bande axiale blanchâtre sur la queue, qui lui confère un aspect un peu fantastique de petit dragon. Une bande jaune orange est visible sur la partie inférieure de la queue de la femelle.

Pour se reproduire, le triton crêté affectionne les points d'eau ensoleillés, plutôt riches en végétation, souvent assez profonds (1 m environ) mais avec des berges en pente douce. L'absence de poissons est une condition assez générale, il est donc rarement observé dans les zones humides inondables proches des cours d'eau. Les larves sont de grande taille (dépassant 6 cm) et ont une allure étonnante. Le corps clair est

© J.-M. Moingeon

ponctué de noir avec une crête dorso-caudale terminée en pointe effilée. Les pattes graciles portent des doigts fins et allongés. Les branchies sont grandes, plumeuses et rouges.

Le triton crêté (dénomination qui rassemble quatre sous-espèces, voire vraies espèces) est présent dans la majeure partie de l'Europe à l'exclusion de l'Irlande, du sud de la France, de la péninsule Ibérique et des îles de la Méditerranée. Sa répartition s'étend du centre de la Fennoscandie au sud de l'Italie et de la Grande-Bretagne à l'Oural et à la mer Caspienne. En France, bien qu'encore assez répandu à basse altitude, il recule depuis une vingtaine d'années dans plusieurs régions avec la destruction des haies (remembrements) et celle des mares-abreuvoirs induite par la culture du maïs. En Suisse, l'espèce est présente surtout au nord des Alpes et elle a fortement régressé durant les dernières décennies.

Le triton crêté est rare dans la montagne jurassienne. Une station existe vers 800 m sur les pentes de la haute vallée de la Loue (F-Doubs). Il est présent dans le bassin du Drugeon (F-Doubs) et ses abords vers 850-900 m d'altitude, bien que quelques stations aient disparu depuis les années 1980 par envasement ou destruction de mares. Il est connu d'un petit marais proche de la vallée de la Bienne (F-Jura). Il atteint environ 1 090 m vers le crêt Monniot (F-Doubs) et 1 300 m sur le plateau de Retord (F-Ain), ce qui semble être le « record » national. Dans les Franches-Montagnes suisses, plusieurs sites dépassent 1 000 m et il atteint même 1 116 m vers Les Breuleux (CH-Jura), maximum observé en Suisse.

# Triton palmé

## Triturus helveticus (Razoumowski, 1789)

*Syn. français :* **Triton helvétique**

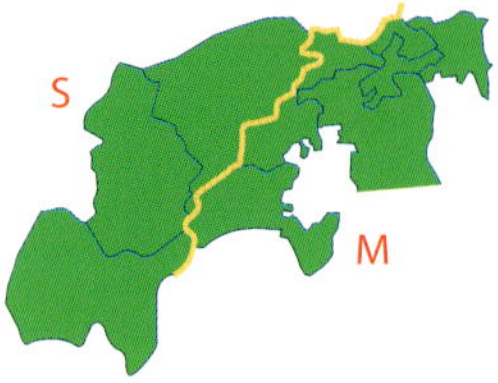


Salamandridés

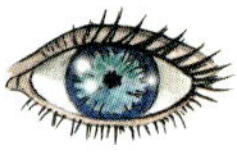

Il s'agit d'un triton de petite taille : 5 à 8 cm chez le mâle, 5,5 à 9,5 cm chez la femelle. En livrée internuptiale, l'ensemble du corps est brun clair, parfois jaunâtre ou olivâtre, tacheté ou légèrement marbré chez le mâle. Le ventre est clair, avec une bande médiane jaune ou orangée unie ou faiblement tachetée. Critère de distinction notable avec le triton ponctué (p. 148), la gorge est de teinte chair unie presque translucide. Une raie sombre barre horizontalement la tête, en passant par l'œil. Les mâles reproducteurs arborent une crête dorsale très basse, une crête caudale bombée, des palmures noirâtres aux orteils et un filament caudal noir long de 5 mm au plus.

Le triton palmé occupe une grande variété de biotopes : les eaux stagnantes ou non, ensoleillées ou ombragées, claires ou turbides, riches en végétation ou non, de profondeur indifférente, sur fond vaseux ou minéral, dans un contexte prairial ou forestier, conviennent à sa reproduction. Il évite seulement les milieux trop acides, les ruisseaux à fort courant et les plans d'eau très poissonneux. Il supporte un certain degré de pollution. Toutes sortes de mares et d'étangs sont donc occupés, ainsi que les zones inondables, les marais, les sources et ruisseaux lents, et divers milieux artificiels : fossés, bassins, fontaines, lavoirs... On trouve très souvent cette espèce associée à une ou plusieurs autres espèces de tritons, en proportions variables.

© F. Schwaab

L'aire de répartition du triton palmé se restreint à l'ouest de l'Europe. Elle va du nord de la péninsule Ibérique au sud des Pays-Bas et au nord-ouest de l'Allemagne, et couvre la Grande-Bretagne. L'espèce occupe la moitié nord de la Suisse. En France, elle est présente presque partout sauf à l'extrême sud-est du pays. Il s'agit du triton le plus commun et le plus largement réparti en plaine et jusque vers 500-600 m d'altitude, puis il se raréfie. Il est présent jusqu'aux alentours de 1 200 m dans les Vosges, 1 455 m dans les Alpes suisses, 1 600 m dans le Massif central, 2 150 m dans les Pyrénées. En France, du fait de l'étendue de son aire de répartition et de sa grande amplitude écologique, l'espèce n'est pas menacée.

Dans le massif du Jura, le triton palmé est très répandu et souvent abondant jusqu'à moyenne altitude (environ 800 m). Au-delà, il devient de plus en plus rare. À partir de 1 000 m, il est très localisé. Connue vers 1 100 m sur le plateau de Retord (F-Ain) et à 1 150 m à Petite-Chaux (F-Doubs), l'espèce n'est pas signalée dans les monts Jura (F-Ain) alors que des sites lui semblent favorables. Dans les Franches-Montagnes (CH-Jura), sept stations sont connues au-delà de 1 000 m, la plus élevée étant à 1 165 m. La plus haute station suisse mentionnée est à 1 230 m d'altitude au nord du Locle (CH-Neuchâtel). Tous les sites montagnards connus se trouvent en milieu ouvert.

© F. Schwaab

## Triton ponctué

# Triturus vulgaris (Linné, 1758)

*Syn. français :* **Triton lobé, Triton vulgaire, Triton lisse**

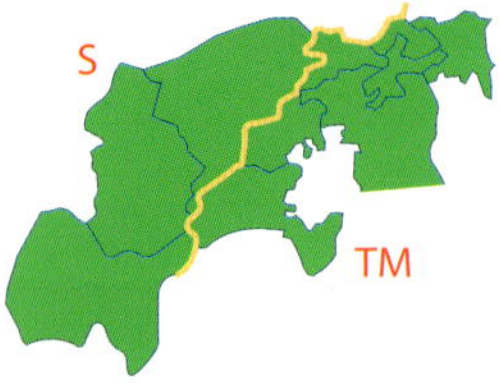


Salamandridés

Le triton ponctué mesure généralement de 8 à 11 cm, les femelles pouvant être légèrement plus longues que les mâles. En période nuptiale, le mâle présente une crête dorso-caudale haute et ondulée prenant naissance un peu en arrière des yeux, et des palmures en forme de lobes aux orteils. L'ensemble du corps est de teinte brun jaunâtre, plus claire au bas des flancs, avec de grosses ponctuations noirâtres. La partie inférieure de la queue est ornée de bleu ciel. Une bande médiane orange, parfois rougeâtre, parcourt le ventre. La tête est rayée longitudinalement de sombre. La teinte générale de la femelle est brun-jaune, parfois finement ponctuée sur le dos. Principal critère d'identification des femelles, des jeunes et des mâles après la période de reproduction : le ventre et la gorge présentent des ponctuations sombres, absentes chez le triton palmé (p. 146).

Pour sa reproduction, ce triton recherche particulièrement des mares ou des étangs ensoleillés riches en végétation aquatique, en milieu ouvert ou bocager. Il est souvent lié aux zones alluviales et aux grands secteurs de marais. Hors zone inondable, on le trouve assez régulièrement en compagnie du triton crêté (p. 144). Les adultes sont généralement à l'eau vers la mi-mars, la plupart la quittent après la ponte mais quelques-uns y restent jusqu'à l'automne. L'hivernage est habituellement terrestre.

© F. Schwaab

© F. Schwaab

Le triton ponctué occupe, de façon lacunaire, la majeure partie de l'Europe, à l'exception de certaines zones méditerranéennes (péninsule Ibérique, sud de la France et de l'Italie, îles), du nord de la Fennoscandie, du nord et du sud-est de la Russie. Il est également présent en Asie occidentale. En France continentale, il existe au nord d'une ligne sinueuse passant par les Charentes, l'Indre, l'Allier, la Saône-et-Loire et l'Isère, département où il ne subsiste que dans des sites isolés. Ce triton est absent d'une grande partie de la Suisse, il n'est commun et abondant que dans quelques secteurs du nord-est du territoire. Ailleurs, de nombreuses populations ont disparu depuis les années 1960 ; il est très menacé dans ce pays. Généralement considéré comme une espèce de plaine, il atteint parfois des altitudes élevées dans le sud de son aire de répartition.

Dans la partie suisse de la montagne jurassienne, le triton ponctué est exceptionnel. Dans le canton de Neuchâtel, une seule station est signalée vers La Chaux-de-Fonds, à 1013 m d'altitude. Côté français, l'espèce n'est pas très répandue : à l'exception du bassin du Drugeon (F-Doubs) où plusieurs sites de reproduction sont connus, les stations occupées dans le Doubs et le Jura sont assez isolées. Notons l'altitude maximale d'observation, 1050 m à Arc-sous-Cicon (F-Doubs), qui serait également le « record » national. Les secteurs méridionaux du massif jurassien (monts Jura, plateau de Retord, Bugey…), d'ailleurs proches de la limite de répartition de l'espèce vers le sud-est de la France, ne semblent pas occupés.

# Alyte accoucheur

## Alytes obstetricans (Laurenti, 1768)

*Syn. français :* **Crapaud accoucheur**

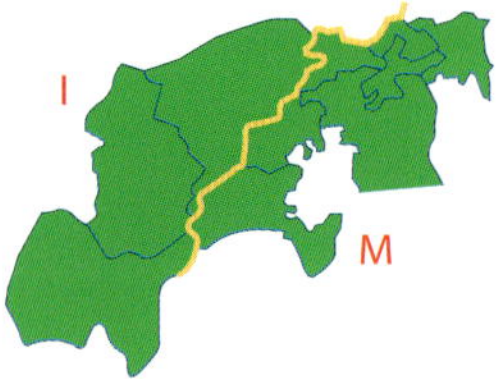


Discoglossidés

L'alyte accoucheur, long seulement de 4 à 5 cm, présente un aspect trapu. Son dos est granuleux avec une coloration générale discrète, grise parfois ponctuée de brun. On remarque son bel iris doré (parfois argenté) à pupille verticale. Le ventre est grisâtre, avec des zones dépigmentées. Les membres postérieurs sont courts et la palmure des orteils est très peu développée. La coloration du jeune individu est identique à celle de l'adulte.

L'alyte est très étonnant. C'est un colonisateur qui vit la plupart du temps en milieu assez sec, sous une pierre d'un muret, d'un « murger », d'une ruine, d'un éboulis, d'une carrière, ou dans un petit terrier creusé dans une sablière, une marnière ou même une tourbière. Son biotope terrestre est rarement éloigné de plus de 100 m d'un modeste point d'eau : une flaque ou une mare parfois temporaire, souvent dépourvue de végétation, dans la campagne, dans un village ou même une ville. Il peut aussi s'agir d'un ruisseau non forestier, parfois pollué, avec ou sans poissons. À l'issue de l'accouplement et de la ponte, qui sont terrestres, c'est le mâle qui se trouve porteur d'une cinquantaine d'œufs à l'arrière du corps, groupés dans un mucus aggloméré aux cuisses. Souvent polygame, le mâle peut porter plusieurs pontes.

© D. Pépin

© E. Craney

Après quelques semaines, il va à l'eau où sont libérés les petits têtards déjà formés. La reproduction se répète souvent plus de deux fois du printemps à l'été, aussi trouve-t-on fréquemment plusieurs générations de têtards ; certains passent même l'hiver non métamorphosés et peuvent alors atteindre 7 cm. Le chant est fait de jolies notes identiques flûtées, « hou », répétées à fréquence variable (selon la température). Il est souvent émis en chœur et donne beaucoup de charme aux douces nuits de printemps et d'été.

La répartition de l'alyte est assez limitée. Elle concerne une grande partie de la péninsule Ibérique, la France continentale (il régresse dans le nord), le Luxembourg, une partie de la Belgique (où il est en déclin) et des Pays-Bas, l'ouest de l'Allemagne, ainsi que les deux tiers nord de la Suisse, où il se raréfie par endroits. Il est plus commun en zone collinéenne et en moyenne montagne qu'en plaine. Il atteint 2 400 m dans les Pyrénées et 1 670 m dans les Alpes suisses.

L'alyte est une espèce typique de la montagne jurassienne. Dans la partie suisse, il est assez abondant. S'il est plus fréquent vers 700-1 000 m, quelques stations sont connues au-delà de 1 300 m. Il atteint 1 360 m à Cernier (CH-Neuchâtel). Dans les départements du Doubs et du Jura, plus de vingt stations dépassent 1 000 m et il est présent à 1 300 m à Bois-d'Amont (F-Jura). Sur les monts Jura (F-Ain), la reproduction est prouvée dans quelques rares « goyas » (proches d'éboulis ensoleillés) à 1 355 m, 1 450 m et 1 460 m. Il est abondant sur le plateau du Retord (F-Ain). Il est bien représenté dans les vallées encaissées, notamment le long du Doubs.

# Lézard agile

## **Lacerta agilis** Linné, 1758

*Syn. français :* **Lézard des souches**

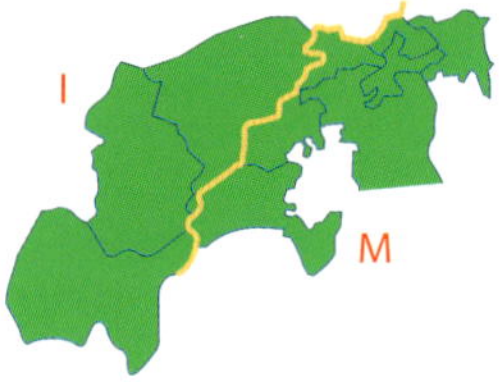


Lacertidés

Le lézard agile, long d'environ 20 cm, a une tête courte et haute, ainsi qu'un corps trapu, avec des membres massifs et une queue assez épaisse dépassant de peu la longueur du corps. Le dimorphisme sexuel est net quant à la coloration. Le mâle a le flanc vert brillant, souvent parsemé d'ocelles noirs à centre jaune pâle, faisant contraste avec le dos beige à brun, souvent tacheté de noir et de blanc sur une bande médiane. La femelle a l'ensemble du corps gris à brun avec des ocelles, le bas du flanc pouvant être vert-jaune. Les jeunes de l'année, longs d'environ 6 cm, sont très typiques : le corps est beige à brun satiné et le flanc montre des ocelles noirs à centre jaune.

C'est au printemps, par une fin de matinée ensoleillée, que l'on peut observer le mieux le lézard agile. Il se tient alors, seul ou en couple, sur une petite surface dégagée, en bordure d'un buisson où il se réfugie très vite, frétillant assez bruyamment dans la végétation sèche. Si l'on est patient quelques minutes, il ressort, parfois au même endroit. Un observateur aux gestes retenus pourra l'approcher très près.
Il occupe une large gamme de milieux, souvent plus forestiers en plaine. Il peut donc être vu en forêt sur des talus de chemin, des piles de bois ou des souches, dans les villages vers des vieux murs ou des décombres, dans des sablières et des carrières, sur des voies ferrées, au bord du lit ensoleillé des cours d'eau, ainsi que sur des « murgers », murets

© H. Pinston

ou pierriers naturels en prairie ou pelouse sèche montagnarde buissonneuse, milieu où il remplace le lézard vert (p. 80). L'enrésinement de ces biotopes semi-ouverts lui est donc préjudiciable.

La répartition du lézard agile part du sud de l'Angleterre, couvre la majeure partie de la France, puis s'étend jusqu'à l'Asie centrale où il atteint 3 500 m d'altitude. Il existe aussi du sud de la Scandinavie jusqu'au nord de l'Italie et à la Grèce centrale. En Russie, il est présent du 60e parallèle jusqu'au Caucase. En France continentale, il est absent sur une large bande ouest. En Suisse, il est assez répandu mais manque dans le Tessin. Dans les Grisons et le Valais, il n'est présent que dans certaines vallées.

Il est plus commun sur les premiers plateaux du département du Doubs que du Jura. Il devient rare sur les seconds plateaux et très rare au-delà de 900 m d'altitude. Il accède à la montagne jurassienne par les vallées, par exemple le Doubs à Charmauvillers (F-Doubs) ou la Saine à Foncine-le-Haut (F-Jura). Retenons sa présence au-dessus de Bois-d'Amont (F-Jura) en pré-bois pâturé à 1 300 m environ (vers la frontière suisse) et sur le mont d'Or (F-Doubs) vers 1 460 m. Il est absent des monts Jura (F-Ain) et du haut Bugey (F-Ain). Dans le Jura suisse, il dépasse exceptionnellement 1 000 m d'altitude.

Nom populaire : l'zudot (Les Fourgs, F-Doubs).

© D. Pépin

© D. Pépin

Ponte

# Orvet

## Anguis fragilis Linné, 1758

*Syn. français :* **Orvet fragile**

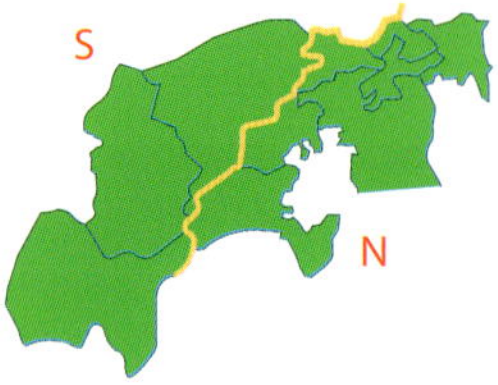


Anguidés

L'orvet, long d'environ 40 cm, est caractérisé par un corps sans pattes. Pourtant, il s'agit d'un lézard, ainsi que le révèlent par exemple ses paupières mobiles et sa queue fine (mais non pointue), souvent en partie régénérée après un quelconque accident. Son dos lisse et brillant est brun, gris, jaunâtre ou cuivré. Il est uni chez le mâle alors que la femelle montre une ligne vertébrale sombre continue ou non, avec parfois d'autres lignes plus diffuses. Les flancs sont piquetés, plus sombres chez la femelle. Le ventre est grisâtre, bleuté, beige, brun clair, plus foncé – voire noir – chez la femelle.

Les jeunes, longs d'environ 10 cm à la naissance, sont très reconnaissables à leur dos luisant, argenté ou doré, avec une ligne vertébrale noire presque continue, débutant en arrière d'une tache sur la tête, et à leurs flancs noirs.

L'orvet occupe une large gamme de biotopes, à l'exclusion des zones forestières trop sombres. Son régime alimentaire est composé de petits insectes, araignées, lombrics et limaces. La femelle ovovivipare pond des œufs dont l'éclosion presque immédiate libère des petits aptes à se nourrir. Cela rapproche l'orvet du lézard vivipare (p. 134), qui lui aussi colonise des biotopes montagnards frais. Des causes sans doute physiologiques l'empêchent cependant d'atteindre les plus hauts sommets occupés par le lézard vivipare.

Après une douce pluie estivale, l'orvet aime à s'insoler, comme inerte ; mais dérangé, sa fuite est extrêmement rapide.

© J.-M. Moingeon

Son aire de répartition couvre la majeure partie de l'Europe, sauf l'Irlande, l'essentiel de la Suède et de la Norvège, le sud de la péninsule Ibérique, la Corse, la Sardaigne et la Sicile. À l'est, il atteint le Caucase et l'Oural, au nord presque le cercle polaire arctique, au sud la Grèce et le nord-ouest de l'Iran. En France, l'orvet est commun partout, sauf une importante lacune dans le sud-ouest. Il est connu à 2 000 m d'altitude dans les Alpes et les Pyrénées. En Suisse, il est bien répandu aussi, de la plaine à 2 100 m.

Dans la montagne jurassienne, il est commun jusque vers 1 000 m d'altitude. Il fréquente alors volontiers les abords des murets sinuant entre forêts et prairies. Plus haut, il a été noté à 1 150 m à La Cluse-et-Mijoux (F-Doubs) et Bois-d'Amont (F-Jura), et à 1 200 m aux Villedieu (F-Doubs). Sur les monts Jura (F-Ain), l'espèce a été notée en forêt à 750 m d'altitude, puis à 940 m et 1 200 m à Chézery (F-Ain) en milieu non forestier, enfin au-dessus de Thoiry (F-Ain) à 1 340 m, dans un biotope pentu très diversifié avec pelouses et pierriers. Il semble absent des sommets, même aux abords des longs murets de pierre sèche. Dans le Jura suisse, l'orvet atteint 1 580 m à l'est du mont Tendre (CH-Vaud).

Noms populaires : anveau, savouan (Grand'Combe, F-Doubs), borgne (F-Doubs et Jura).

# Vipère péliade

## Vipera berus (Linné, 1758)

*Syn. français :* **Vipère berus**
*Syn. latin :* **Pelias berus**

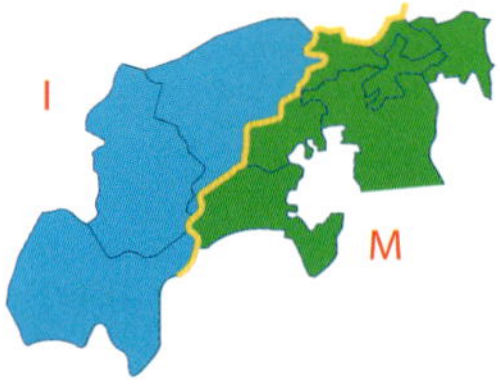


Vipéridés

Le corps de la vipère péliade est massif, avec une queue courte, pour une longueur totale de 50 à 70 cm. À la différence de la vipère aspic (p. 90), son museau n'est pas retroussé et ses écailles céphaliques sont d'assez grande taille (en général trois grandes plaques). L'iris est rouge cuivré (souvent doré chez l'aspic). Jeunes et adultes affichent un dimorphisme sexuel marqué : les mâles, nettement plus petits que les femelles, sont gris (rarement ocre pâle) avec un motif dorsal noir, tandis que celui des femelles est brun ou roux sur fond marron clair, leur conférant un aspect moins contrasté. Le dessin dorsal, épais et festonné, est continu de la nuque à l'extrémité de la queue. Chez certains individus, la ligne vertébrale est un peu plus claire que les expansions latérales lobées. Les flancs sont souvent tachetés.

La vipère péliade quitte son lieu d'hibernation (terrier, fissure de rocher, souche, etc.) dès la mi-mars, alors que la neige couvre encore bien souvent le sol. Puis arrive l'époque des accouplements. Les mâles, regroupés à plusieurs autour d'une femelle, effectuent alors des « danses » parfois bruyantes, combats symboliques destinés à évincer les plus faibles. La durée de la gestation est très variable selon les régions et les conditions climatiques, pouvant dépasser cinq mois. En Franche-Comté, des naissances sont signalées dans le courant de l'été. La femelle, ovovivipare, donne

naissance à une portée de dix à quinze (rarement vingt) petits, immédiatement autonomes. Comme la vipère aspic, la péliade quitte souvent son abri nocturne tôt le matin, profitant des premiers rayons solaires, puis, lorsque la température devient trop forte, se retire à l'abri d'un buisson, dans les hautes herbes ou dans un terrier, et ressort en fin de journée. Par temps chaud mais couvert, les vipères restent actives toute la journée. La péliade supporte mieux que l'aspic des températures assez basses et une forte humidité, puisqu'on l'observe parfois sous des giboulées ou une pluie violente. Elle se nourrit surtout de petits rongeurs, de musaraignes et de lézards vivipares, auxquels s'ajoutent des amphibiens lorsqu'elle vit en milieu humide.

À l'approche de l'homme, elle peut rester immobile ou s'enfuir – n'hésitant pas à plonger si elle se trouve à proximité de l'eau – mais cherche rapidement à mordre si elle en est empêchée. Son venin est plus virulent que celui de la vipère aspic. Outre le syndrome hémorragique propre aux venins de toutes les vipères, on a constaté avec celui de la péliade des symptômes d'action neurotoxique. Contrairement à une idée reçue, la toxicité du venin est la même quelle que soit la couleur de l'animal.

Les principaux biotopes montagnards occupés par cette espèce sont les suivants : les prairies riches en murets, lapiez, rocailles et buissons, les prés-bois,

© D. Pépin

© D. Pépin

Jeune vipère

© J.-C. Riot

© D. Pépin

les tourbières, marais et prairies humides, ainsi que les lisières et clairières forestières. L'occupation successive de plusieurs milieux différents au cours d'une saison est signalée dans les Alpes.

L'aire de répartition de la vipère péliade s'étend de l'ouest de l'Europe à la Sibérie orientale, des Alpes au cercle polaire. En France, elle est morcelée. L'espèce occupe ainsi toute la zone située au nord-ouest d'une ligne joignant l'embouchure de la Loire aux Ardennes, une partie du Massif central et du Jura. Des isolats sont signalés en Champagne. En Suisse, elle est largement répartie sur le versant nord des Alpes et dans l'est du pays alors qu'à l'ouest, où elle atteint sa limite de répartition, sa présence est relictuelle. Elle semble être le reptile le plus rare du Jura suisse. Depuis les dernières glaciations, l'aire de répartition de la vipère péliade s'est déplacée vers le nord. Ses limites méridionales actuelles seraient dues à la compétition avec la vipère aspic, la péliade ne subsistant que là où les conditions climatiques ne permettent plus à l'autre espèce de se reproduire régulièrement. Elle semble très sensible aux dégradations de ses biotopes : assèchement des zones humides, enrésinements et mise en culture de prairies, simplification des écosystèmes (arasement de haies et «murgers»...), d'où sa régression dans de nombreuses régions.

La vipère péliade a été par le passé largement répandue en Suisse, tant en plaine qu'en montagne. Vers 1870, elle était déjà rare à basse altitude (remplacée par l'aspic) ainsi que dans la chaîne du Jura. Actuellement, sa présence est considérée comme relictuelle dans le massif. Les dernières observations dans le Val-de-Travers (CH-Neuchâtel) et la vallée de la Brévine (CH-Neuchâtel) datent des années 1940. Des recherches infructueuses récentes ont été menées entre la Dent-de-Vaulion (CH-Vaud) et le Chasseron (CH-Vaud), ainsi qu'à la Dôle (CH-Vaud), où elle était connue. Une seule station se maintient dans le canton de Neuchâtel. L'espèce est par ailleurs connue dans la haute vallée de l'Orbe (F-Jura et CH-Vaud). En Franche-Comté, c'est le vaste complexe de zones humides du bassin du Drugeon (F-Doubs) qui abrite la population la plus importante. Il faut souligner que la plupart des autres stations connues ne sont pas des tourbières. Cinq des stations périphériques du bassin du Drugeon sont probablement en lien avec celui-ci, tandis que les autres populations, plus éloignées, paraissent complètement isolées. La vipère péliade n'a pas été contactée au sud des Rousses (F-Jura). Sa présence n'aurait jamais été attestée dans le département de l'Ain, même dans les monts Jura. En Suisse, l'espèce a été notée entre 1 000 et 1 480 m d'altitude. Côté français, les observations s'échelonnent de 690 à 1 240 m.

Le taux élevé de mélanisme chez cette espèce constitue une originalité pour la Franche-Comté. En effet, il avoisine 50 % dans la population du bassin du Drugeon. On connaît même une petite population composée exclusivement d'individus mélaniques. Ceux-ci semblent favorisés en milieu humide ou forestier du fait d'une moindre vulnérabilité à la prédation.

© D. Pépin

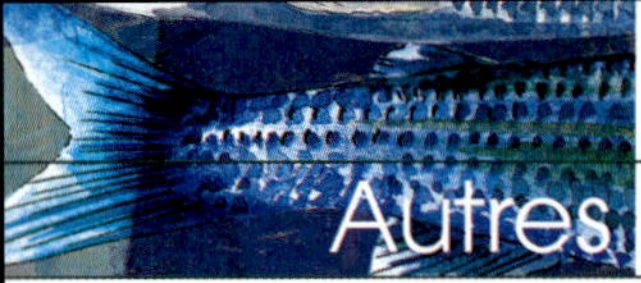

# Autres espèces

Able

© C. Lemmel

## POISSONS

Le cortège de poissons de la montagne jurassienne et ses trois espèces emblématiques, la truite, l'ombre et le corégone, forment l'ensemble sommital du continuum fluvial qui s'étend vers la plaine de Saône, la plaine suisse et les plateaux tabulaires alémaniques où vivent des espèces d'eaux plus chaudes ou de milieux particuliers, appartenant aux zones à barbeau et à brème.

### ESPÈCES NON OBSERVÉES

Ce cortège est formé de six espèces de poissons : la loche de rivière, le hotu ou nase, la loche d'étang, la bouvière, l'anguille et l'aspe, ainsi que d'un petit cyclostome, la lamproie de Planer, dite « chatouille » ou « sucet ». La présence d'une anguille dans les inventaires réalisés en 2004 sur le Doubs frontalier, à l'amont de l'usine hydroélectrique du Refrain (F-Doubs), est un reste d'anciens déversements massifs de jeunes anguilles dans le bassin du cours d'eau.

### ESPÈCES INTRODUITES

Silure, huchon, poisson-chat, black-bass à grande bouche, carassin, carassin doré, carpe chinoise, carpe prussienne, pseudorasbora appartiennent à un ensemble hétéroclite dans lequel l'able de Stymphale ou de Heckel, cyprinidé du bassin du Rhin, mérite une mention particulière. Sa présence exceptionnelle au sein du peuplement ichtyologique jurassien est attachée à des introductions à titre décoratif dans le nord-est du Jura helvétique et à des mentions, peu reconnues, de présence erratique dans le Clos-du-Doubs (CH-Jura), dans le lac de L'Abbaye (F-Jura) et dans le ruisseau du Nanchez à Prénovel (F-Jura).

### ESPÈCES DISPARUES

Signalés autrefois, saumon, alose feinte, grande alose, ide, lamproie

Anguille

© C. Bry

de rivière, esturgeon et flet ont disparu, bloqués dans leur migration par les multiples barrages construits en un siècle.

Ces vingt-quatre mentions portent à cinquante-six le nombre d'espèces mentionnées à des titres divers dans la montagne jurassienne et ses marges.
Les efforts entrepris en France et en Suisse pour restaurer la libre circulation du poisson dans les eaux intérieures répondront-ils au défi du retour de l'alose du Rhône et du saumon du Rhin sur leurs territoires de reproduction ? Tous deux sont prêts, en tout cas, à faire le voyage.

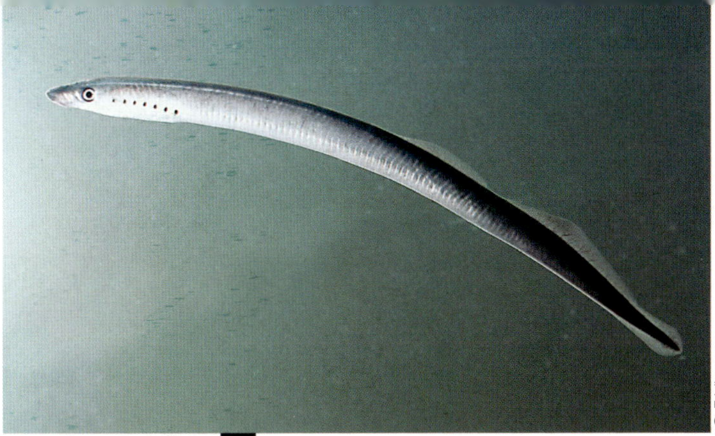

© E. Vigneux

Lamproie de Planer

Salamandre noire

© D. Pépin

## AMPHIBIENS ET REPTILES

### ESPÈCE INTRODUITE

La tortue de Floride, originaire des États-Unis, a été importée (jusqu'à 400 000 par an) comme animal d'agrément jusqu'en 1998. Nombre de ces tortues ont été lâchées dans les plans d'eau et rivières en plaine et parfois en montagne. Des mesures d'éradication sont prises dans certaines régions.

### ESPÈCE DISPARUE

Des indications sérieuses du XIXe siècle mentionnent la salamandre noire sur la Dôle (CH-Vaud). Par ailleurs, des données des décennies 1960-1980 dans les départements du Doubs et du Jura concerneraient des salamandres entièrement noires. L'espèce a-t-elle disparu ou s'agit-il d'individus mélaniques (exceptionnels mais attestés en Europe) de la salamandre tachetée ? Il faut noter l'observation en 1996 à Nans-sous-Sainte-Anne (F-Doubs) d'une jeune salamandre tachetée aux taches jaunes dépigmentées, d'où un aspect global quasi noir.

# Les itinéraires

# Depuis Goumois, le long du Doubs (F-Doubs)

**Période conseillée :** du printemps à l'automne.
**Accès :** depuis Maîche, prendre la D437 jusqu'à Damprichard, puis Charmauvillers. Suivre ensuite la D437a jusqu'à Goumois.
**Durée :** environ trois heures de marche pour l'aller-retour.
**Niveau :** moyen. Se munir de bonnes chaussures de randonnée.
**Carte :** 1/25 000, n° 3623 OT, Maîche – Gorges du Doubs.

Goumois est bien sûr connu pour la beauté de son environnement au cœur des gorges du Doubs. Mais ce village jouit également d'une réputation d'envergure nationale pour la pêche à la mouche. Le Doubs, qui fait ici frontière avec la Suisse, offre aux pêcheurs une qualité de poisson et un cadre fabuleux pour s'exprimer.

En arrivant au village, garez-vous près de la poste et rejoignez à pied le pont qui enjambe le Doubs (munissez-vous d'une pièce d'identité pour le passage en douane). À cet endroit, il est très facile d'observer les deux espèces emblématiques du secteur : la truite commune et l'ombre commun. Elles se tiennent souvent entre les piles du pont, immobiles face au courant. Vous les verrez, de temps à autre, venir gober un insecte à la surface de l'eau.

La balade commence au parking des Seignottes, accessible à pied depuis le village ou en voiture. Le sentier emprunte le GR 5 (balisage rouge et blanc), qui remonte le Doubs sur sa rive gauche. Dans ce secteur, la rivière, au cours torrentiel, est bien oxygénée. Elle est propice aux salmonidés. Les pêcheurs le savent bien et vous aurez à coup sûr le loisir de les observer. À la fin du printemps et en été, par une fin d'après-midi ensoleillée, vous

Ombre commun

pouvez assister à d'impressionnantes éclosions de perles – gros insectes volants à larves aquatiques –, appelées ici aillotes, qui font le régal des poissons.
Un peu plus loin, le barrage du Theusseret a créé en amont une retenue d'eau plus calme. Les alluvions de la rivière constituent une berge plus large et offrent un couvert végétal où se plaît la couleuvre à collier. C'est là qu'au printemps la grenouille rousse vient pondre, une fois sortie de sa léthargie hivernale. Par beau temps, lorsque l'eau est bien claire, peut-être surprendrez-vous un groupe de chevaines en quête de petits crustacés, de larves d'insectes ou d'insectes aériens tombés à l'eau. En approchant discrètement le bord de la rivière, vous apercevrez sans doute des bancs de vairons, petits poissons très vifs qui aiment les eaux peu profondes et plus chaudes. Quelques brochets fréquentent également la retenue. Les plus jeunes viennent parfois se chauffer au soleil près de la surface. Ils sont alors immobiles, comme endormis, mais prêts à s'enfuir à la moindre alerte.

À l'approche du barrage de la Goule, le Doubs retrouve un cours plus rapide. Les secteurs peu profonds accueillent un drôle de poisson en forme de massue, avec une tête large et aplatie, c'est le chabot. Cet as du camouflage se cache la journée sur les fonds pierreux en profitant du moindre interstice et en s'enfouissant parfois. Il ne sort qu'au crépuscule pour chercher sa nourriture.
Le sentier se poursuit bientôt sur un chemin carrossable et s'éloigne quelque peu de la rivière. Profitez-en pour scruter le bas-côté droit de la route. Au pied du versant, dans ce milieu frais à la végétation exubérante, vous apercevrez peut-être l'orvet, étonnant lézard sans pattes pouvant atteindre près de 40 cm.
Un peu plus loin sur la droite, le bief d'Etoz, venant de Charmauvillers, vous offre une jolie chute d'eau avant de se jeter dans le Doubs quelques mètres plus bas. Le chemin débouche finalement sur une route au niveau d'une petite chapelle. Un panneau d'information vous explique l'histoire du lieu et l'origine du barrage de la Goule, qui remonte au tremblement de terre de 1356.
Le GR 5 se poursuit mais notre promenade s'arrête ici. Il ne vous reste plus qu'à faire le chemin inverse.

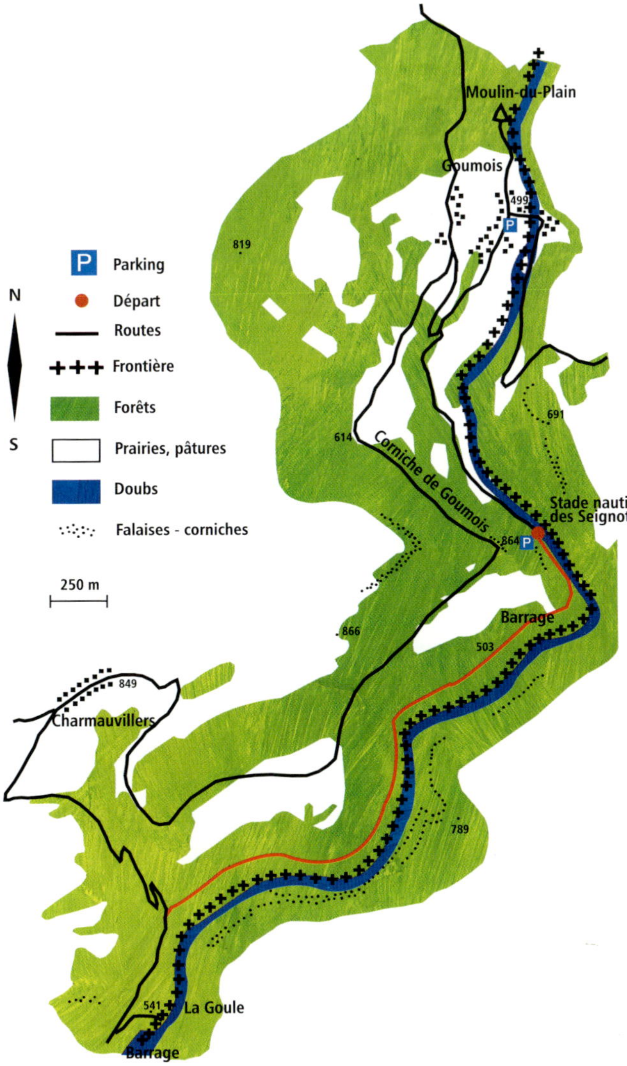

# L'Orbe et le lac de Joux (CH-Vaud)

© C. Bry

Vandoise

**Période conseillée :** du printemps à l'automne.
**Accès :** depuis Jougne, prenez la N57 vers la Suisse. Passez la douane et tournez à droite au niveau du rond-point, direction Vallorbe. Dans Vallorbe, traversez le pont sur l'Orbe et garez-vous sur la droite, à côté de l'administration communale.
**Durée :** environ cinq heures avec les déplacements en voiture.
**Niveau :** facile.
**Cartes suisses :** 1/25 000, n° 1202 Orbe et 1221 Le Sentier.

Cet itinéraire vous propose de découvrir l'Orbe et le lac de Joux. La distance entre chaque site ne permet pas de réaliser l'intégralité de la balade à pied. Un déplacement en voiture, en train ou à vélo est nécessaire entre chaque étape.

La promenade commence à Vallorbe. Depuis le pont sur l'Orbe, vous pouvez facilement observer quelques belles truites postées çà et là à proximité des piles du pont. Si vous le souhaitez, vous pouvez emprunter un sentier agréable (La Jougnena) qui débute au musée du Fer et longe la rivière en aval du pont sur quelques centaines de mètres. Au niveau d'un ancien moulin, traversez le barrage sur la rivière. Là aussi, vous pourrez surprendre les truites et les vairons à proximité des grilles. Remontez ensuite vers la place de parking en suivant la rue de Lausanne.
Reprenez votre véhicule ou, si vous avez plus de courage, votre vélo, pour vous rendre au lac de Joux situé à 11 km. Pour cela, empruntez la route en direction de la vallée de Joux. Vous arrivez bientôt en vue du lac Brenet, surplombé sur la gauche par l'imposante Dent-de-Vaulion. C'est ici, par des failles multiples, que l'Orbe disparaît sous la roche pour resurgir à Vallorbe. Poursuivez jusqu'au prochain carrefour. Sur la droite, un canal de liaison relie le lac de Joux au lac Brenet. En décembre, des truites de lac remontent depuis ce dernier pour pondre dans les graviers au pied du barrage, accessible à pied par une passerelle.
Au carrefour, prenez à gauche vers Le Pont, puis un peu plus loin à droite vers Le Sentier en longeant le lac de Joux. Ce plan d'eau est un des plus grands du massif jurassien avec ses 9 km de long. En arrivant vers le bout du lac, tournez à droite à l'entrée de L'Orient.

Passez le pont sur l'Orbe et garez-vous sur le petit parking juste après. Un coup d'œil depuis le pont vous permettra peut-être de repérer quelques gardons, perches, voire un brochet en poste près de la berge. La lote de rivière fréquente aussi le secteur, mais vous ne la verrez pas car elle ne sort que la nuit. Engagez-vous sur le sentier pédestre de la tête du lac, classée en zone protégée. Le sentier vous emmène à travers le marais, fréquenté par le lézard vivipare. Puis vous atteignez un bois vers le point de vue de la tête du lac. Depuis l'observatoire en bois, vous verrez facilement les bancs de vandoises, particulièrement nombreux et actifs à proximité de la berge. Quelques perches, reconnaissables à leurs rayures noires, viennent se mêler aux rassemblements. La zone marécageuse qui vous fait face est un riche lieu de frai pour le brochet.

En poursuivant sur le sentier, vous atteignez l'autre rive du lac. Vous pouvez alors continuer la promenade en longeant la berge. Les premiers mètres du lac sont ici très peu profonds et attirent bon nombre de vandoises, de perches et de gardons peu farouches.

En amont du lac de Joux, l'Orbe est restée sauvage, traçant de nombreux méandres jusqu'au Sentier, où elle a été canalisée. C'est une rivière riche en ombres, en chevaines et en vairons. Plusieurs ponts entre Le Sentier et l'aval du Brassus offrent des sites privilégiés pour tenter d'apercevoir ces espèces. Dans ce secteur, les paysages, en particulier au mois de juin, sont de toute beauté et apporteront à vos observations une touche supplémentaire de plaisir.

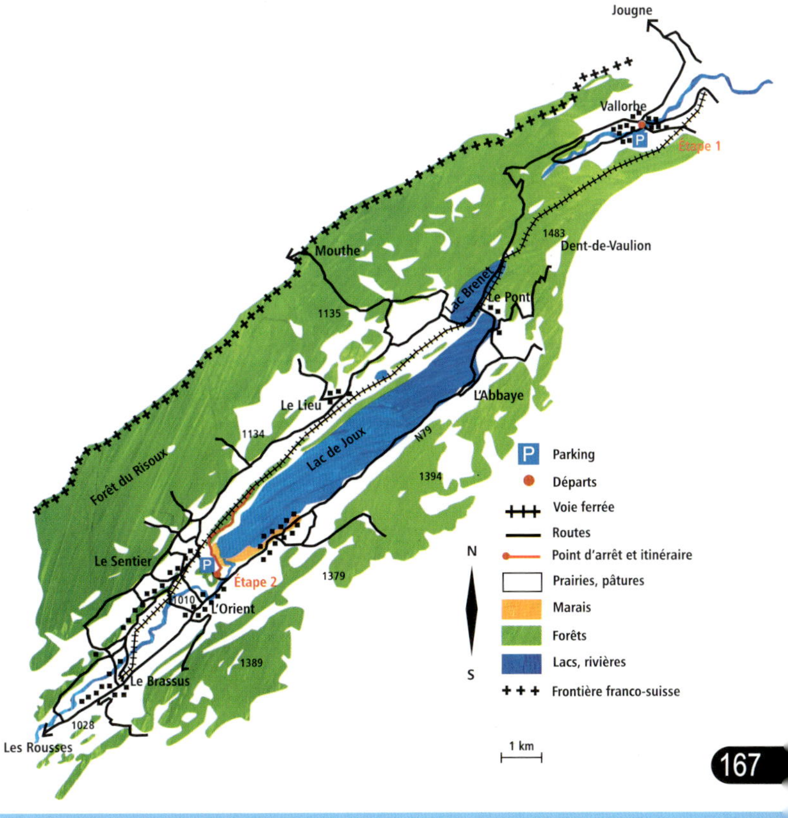

# Autour de la Combe-du-Lac (F-Jura)

© C. Le Penner

**Période conseillée :**
entre mi-avril et mi-mai, pour participer à l'action du Parc naturel régional du Haut-Jura concernant la migration prénuptiale des grenouilles et des crapauds.
**Accès :** parking au centre du village de Lamoura pour la grande balade « Autour de la Combe-du-Lac » ou au bord du lac.
**Distance :** 10 km pour le tour de la Combe-du-Lac.
**Durée :** trois heures environ.
**Niveau :** facile.
**Dénivelée :** 150 m.
**Balisage :** deux traits (jaune et rouge) ou ronds jaunes.
**Carte :** 1/25 000 TOP 25 332/ET - Morez, Les Rousses, Col de la Faucille.

Depuis le parking, dirigez-vous vers le nord du village. Au carrefour situé en face de la mairie, montez la petite route goudronnée très raide qui part à droite (balisage jaune et rouge). Après les maisons, c'est un large chemin empierré qui chemine régulièrement en forêt puis dans une petite combe herbeuse en suivant la bordure ouest du val de Lamoura. Après 2 km environ, bifurquez à droite en quittant le chemin balisé (qui s'éloigne à gauche).

Traversez le parking du village de vacances de Lamoura pour rejoindre la route (D25). Prenez tout de suite à droite et dirigez-vous vers les téléskis. Traversez le ruisseau. Remontez le long d'une piste de La Serra pour rejoindre le GR9b (balisage deux traits rouge et blanc).
Continuez à droite. Vous suivez maintenant l'autre versant du val vers le sud-ouest.

Un peu plus loin, depuis le « Point de vue du lac », une magnifique perspective plongeante s'ouvre sur le lac, la tourbière et les prairies environnantes où circule le Bief-Froid, le ruisseau qui alimente le plan d'eau.

La balade se poursuit dans la prairie et passe devant la ferme des Thoramy.

Plus loin, au panneau « Sur le Lac », descendez jusqu'au bord de l'eau. Les panneaux du sentier de découverte ont pour thèmes la faune, la flore et l'utilisation de la force hydraulique. Les exutoires sont deux grosses pertes, côté ouest, entourées de barrières en bois.

Ce lac est une zone de reproduction largement utilisée par les amphibiens. Tous les printemps entre la mi-avril et la mi-mai, le technicien de rivière du Parc naturel régional du Haut-Jura, aidé d'une association

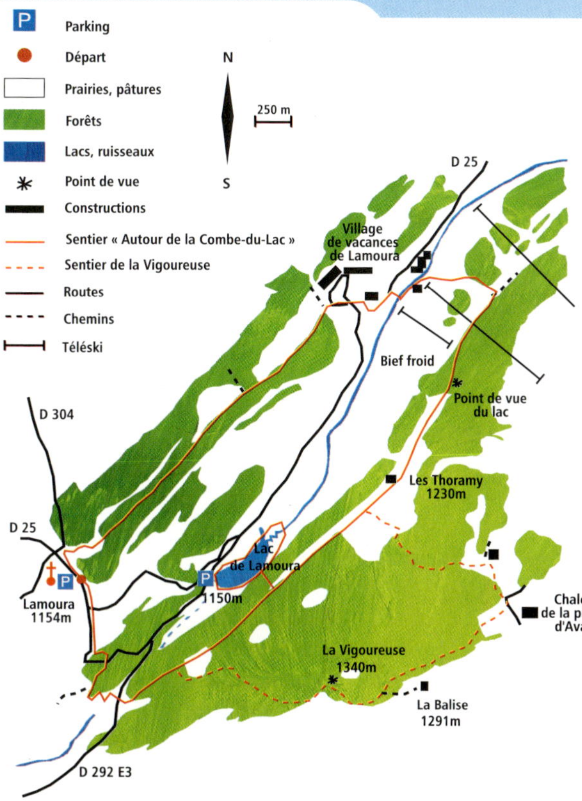


d'insertion, pose des filets et des seaux de collecte sur la rive occidentale du lac, au-dessus des deux routes.

Durant un mois, tous les matins vers 8h30 - 9h00, les techniciens du parc relèvent les seaux, identifient et comptent les amphibiens avant de les relâcher dans le lac. Ce sont des tritons alpestres, des crapauds communs, des grenouilles rousses et des grenouilles vertes. La majorité de ces animaux passent l'été et l'hiver dans la forêt et les prairies du côté le plus ensoleillé, à l'ouest du val.

Une matinée de sensibilisation est prévue, chaque année, fin avril-début mai, avec une présentation du site, des espèces, et la participation au relevage des seaux et au comptage des animaux.

Pour participer à cette action, prenez contact avec le Parc naturel régional (au 03 84 34 12 30).

En faisant le tour du lac, malgré la mauvaise surprise de trouver parfois les nasses à grenouilles de quelques braconniers obstinés, vous aurez le plaisir d'observer la vie qui grouille.

Ce plan d'eau est classé deuxième catégorie, mais son peuplement a été modifié par l'introduction d'espèces qui ne font pas partie de la faune de la montagne jurassienne. Ainsi, pour lutter contre l'envahissement excessif des plantes aquatiques, dix amours blancs, poissons herbivores, ont été introduits il y a plus de dix ans puis, plus récemment, des carpes. Ces dernières recherchent leur nourriture en fouillant la vase, tout particulièrement vers les zones de pêche aménagées. Le trouble de l'eau contrarie la photosynthèse. Les carpes sont friandes des appâts et du maïs jetés par les pêcheurs. Amours et carpes ne peuvent pas se reproduire à Lamoura car l'eau est trop froide.

Les cyprinidés constituent une grande richesse piscicole. Les gardons et les rotengles sont très beaux et en grand nombre. Ils pondent dans les potamots en amont des pertes. Leur prédateur, le brochet, est bien présent.

Pour continuer la balade, remontez au panneau directionnel « Sur le Lac » et poursuivez vers le sud-ouest. Après avoir traversé la route, le sentier franchit un petit vallon où court un ruisseau. Remontez de l'autre côté et rejoignez la route qui descend au village et à votre parking.

Crapaud commun

© D. Pépin

# Le tour des quatre lacs (F-Jura)

© O. Blanchard

Lac du Grand-Maclu

**Période conseillée :** du printemps à l'automne.
**Accès :** depuis Champagnole, prenez la N5 vers le sud et, à Pont-de-la-Chaux, tournez à droite sur la D75 jusqu'au Frasnois. Traversez le village, longez le lac d'Ilay jusqu'à sa pointe. Un petit parking se situe à gauche de la route.
**Durée :** environ trois heures de marche.
**Niveau :** facile.
**Carte :** 1/25 000, n° 3326 ET, Champagnole.

© D. Pépin

Grenouille verte

Les lacs d'Ilay, du Grand et du Petit-Maclu et de Narlay ont des eaux particulièrement claires permettant, avec un peu de discrétion, d'observer facilement des poissons à proximité de la berge. Le sentier emprunte en grande partie le GR559A.

La balade commence au sud du lac d'Ilay, au niveau du pont qui enjambe le déversoir du plan d'eau. Un peu plus loin, le sentier passe tout près de la berge et permet facilement d'observer des bancs de petits gardons dans les eaux peu profondes.

Au hameau d'Ilay, tournez à gauche. Le chemin longe encore un moment le lac puis, à droite, s'en éloigne pour pénétrer dans un bois.

Vous apercevez bientôt le lac du Grand-Maclu, barré sur sa rive droite par d'imposantes falaises et des éboulis boisés. Les nombreux bois morts immergés près de la berge sont des caches idéales pour le brochet et la perche, que vous apercevrez peut-être chassant dans les bancs de petits poissons. Au bout du lac, une zone de bas-fond est généralement fréquentée par les jeunes gardons. De petites perches, facilement reconnaissables à leurs rayures dorsales, viennent chasser les alevins parmi la végétation aquatique. Le chemin longe ensuite le lac du Petit-Maclu, qui dispose des mêmes caractéristiques que son grand frère. Au bout de ce lac, les restes d'anciennes extractions de sable morainique sont devenus des petites mares remarquables pour les amphibiens. Les tritons alpestres et

palmés y abondent. Vous pouvez aussi rechercher la grenouille verte, immobile, à demi immergée près de la berge. Du printemps à l'été, en journée ou plutôt en soirée douce, vous entendrez peut-être le chant flûté du crapaud accoucheur.

Prenez à gauche la route goudronnée en longeant le côté droit. Sur le talus en bordure de la route, des affleurements rocheux particulièrement bien exposés au soleil sont fréquentés par le lézard des murailles et le lézard agile.

Tournez à droite vers le lac de Narlay. Au prochain carrefour, restez sur le chemin principal à droite. Le lac de Narlay est le plus profond des quatre (40 m). Tout comme les autres, le corégone habite ses eaux. Le sentier surplombe un moment le lac puis redescend pour ensuite longer sa berge dans sa partie nord. Il est alors possible d'observer en bordure du plan d'eau des gardons, des perches et peut-être de jeunes brochets. La rive du lac est aussi fréquentée par la grenouille verte, que l'on peut entendre coasser au printemps.

Le sentier de cailloux rejoint une route goudronnée qui mène au village du Frasnois. Traversez-le et tournez à droite en face de la poterie, puis à gauche. Cinq cents mètres plus loin, suivez à droite la route goudronnée (balisage rouge et blanc). Le sentier s'engage alors sur un chemin de cailloux puis traverse une zone étonnante de dalles rocheuses.

En rejoignant les maisons, passez devant le restaurant L'Éolienne. Une exposition et un espace botanique sont à découvrir pour les amateurs de flore. Suivez le balisage vers le lac d'Ilay. Vous avancez sur un chemin rural bordé de haies. La couleuvre verte et jaune, remarquable par sa taille, particulièrement agile dans les branchages, apprécie ces milieux buissonneux. En haut de cette côte, le pic de l'Aigle vous fait face. En continuant quelques mètres sur la droite, vous découvrez un lapiaz, formation due à l'érosion et à la dissolution du calcaire par les eaux de ruissellement. La végétation y est presque absente, mais peut-être y trouverez-vous le lézard des murailles se chauffant sur la roche. Attention où vous posez les pieds, la vipère aspic fréquente ce milieu. Quelques dizaines de mètres plus bas, vous rejoignez le parking de départ.

# La prairie de Retord (F-Ain)

**Période conseillée :** de mars à octobre pour la balade, et de mars à juillet pour l'observation des amphibiens et des reptiles.
**Accès :** depuis Bellegarde, rejoignez le village d'Ochiaz et engagez-vous en direction du col de Cuvery par la D101. Après une montée d'une dizaine de kilomètres, dépassez les départs de ski de fond et le col de Cuvery pour atteindre, quelques kilomètres plus loin, une petite route qui vous mènera à la chapelle de Retord. Vous pouvez vous garer à côté de cette chapelle.
**Durée :** deux heures et demie à trois heures sans compter les temps de pause et d'observation.
**Niveau :** sans difficulté ; dénivelée positive inférieure à 100 m.
**Carte :** 1/25 000, n° 3330 OT, Bellegarde-sur-Valserine.

Dans le prolongement nord du Crêt-du-Nu, à une altitude moyenne de 1 240 m la prairie de Retord est un plateau au relief irrégulier. L'eau joue avec les vallons discrets, les creux, les buttes et les petites collines. Dès le XVIe siècle, le site du Retord a été convoité par les hommes. Les quelques fermes et les nombreux « goyas », mares plus ou moins artificielles des alpages du Jura, ponctuant le plateau attestent encore cette présence.
La densité du réseau des goyas et autres petits milieux humides fait de la prairie de Retord un site exceptionnel pour les animaux tributaires de tels milieux. Les grenouilles, les crapauds et les tritons sont parmi les plus remarquables d'entre eux. Le parcours proposé est une invitation à la découverte de ces mares de moyenne montagne et de leurs habitants aquatiques…

Depuis la chapelle, dirigez-vous plein sud, pour cela passez une clôture et suivez la lisière du bois où vous allez rencontrer un premier goya. Approchez-vous un peu… Peut-être apercevrez-vous la danse du triton alpestre… à moins que la présence de plantes soit favorable à une autre espèce de triton. Plus grand et plus sombre que son confrère alpestre, le triton crêté est aussi susceptible d'occuper ce milieu pour se reproduire.
Poursuivez tout droit, avant de traverser à nouveau une clôture. Laissez un chemin sur votre droite pour continuer toujours plein sud sur une piste montant au milieu des boisements. Vous vous dirigez vers les alpages du Retord, dans lesquels vous entrerez par un passage aménagé pour les usagers de VTT. Traversez une zone de pré-bois avant d'apercevoir bientôt la ferme des Solives. Au niveau de cette ferme, partez plein est. Vous longez à contre-couran un petit ruisseau. Vous voici bientôt au cœur de la prairie de Retord, caractérisée par son réseau de ruissellements, de prairies humides et de goyas. Accroupi, plus près de l'eau, immobilisez-vous quelques ins-

tants pour voir surgir une grenouille rousse, nager quelques têtards, ou pour admirer la danse des insectes aquatiques.

Quittez le pâturage à l'endroit où la clôture se décroche, et passez le ruisseau sur une buse. Vous apercevez un « goya » entouré de barbelés, contournez-le par la gauche pour vous engager dans le petit vallon, face à vous. Un deuxième goya apparaît alors. Observez la formation originale de ce dernier, il provient du barrage d'un petit ruisseau, alors que la plupart de ces mares sont réalisées dans un creux naturel. Très vite vous croisez un chemin bien marqué, que vous emprunterez par la gauche sur environ 1 km. Vous n'êtes pas loin de la Grange-à-Lucien. Faites le tour du bâtiment à la recherche de petits reptiles. En effet, un lézard vivipare a peut-être adopté les murs chauds de la grange pour satisfaire ses besoins énergétiques.

Obliquez alors sur la gauche en direction du Tumet. Vous longez un paysage de dépressions naturelles ; il s'agit de dolines. Toutes proviennent de la dissolution du calcaire par l'eau de pluie. Si leur fond est imperméable, ces dolines constituent des milieux humides originaux.

Vous allez monter un peu jusqu'à une « barrière canadienne ». Ne traversez pas cette barrière, mais tournez à gauche pour prendre un autre chemin. Nous sommes à la fin du printemps? Une petite note flûtée, répétée à intervalles réguliers, vous interpelle? Au fond de sa cachette, le crapaud accoucheur lance son chant d'amour. Parmi les plus terrestres des amphibiens, c'est uniquement à l'état larvaire que

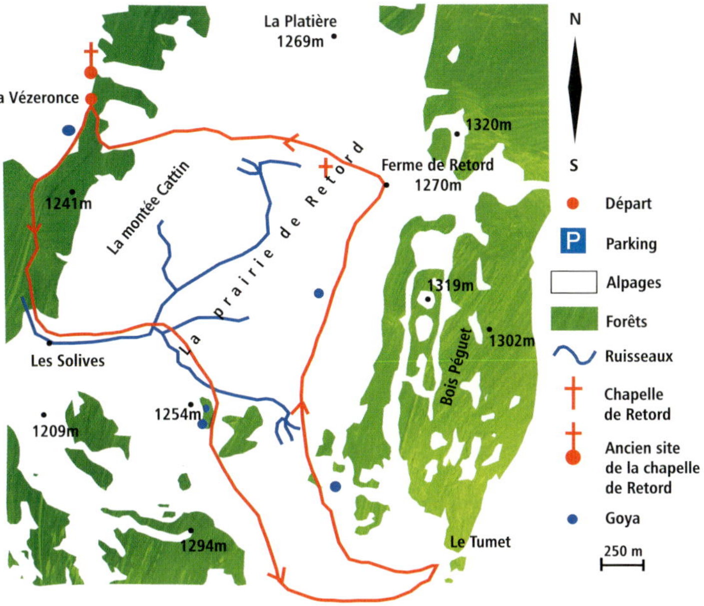


l'animal vit dans l'eau. Les têtards ont peut-être été déposés dans le nouveau goya que vous allez apercevoir sur votre droite.

Vous vous dirigez à présent plein nord, vers la ferme du Retord. Vous traversez une zone de prairie humide caractérisée par la présence de saules et de plusieurs goyas, dont la plupart sont aujourd'hui asséchés. Puis, vous empruntez un petit vallon au pied duquel se trouve un dernier goya. À partir de la ferme du Retord, quittez l'itinéraire marqué par une balise jaune pour tourner à gauche en direction de la chapelle de Retord. Au niveau du site ancien de la chapelle, marqué par des ruines et une croix en pierre, engagez-vous dans les alpages à droite, en gardant la même direction. Quittez ces alpages (clôture en barbelés à franchir) pour gagner une zone de pré-bois et rejoindre un chemin forestier. Prenez ce chemin par la droite, il vous ramènera à votre point de départ.

Triton alpestre

© F. Schwaab

# Glossaire
# Index
# Bibliographie

# Glossaire

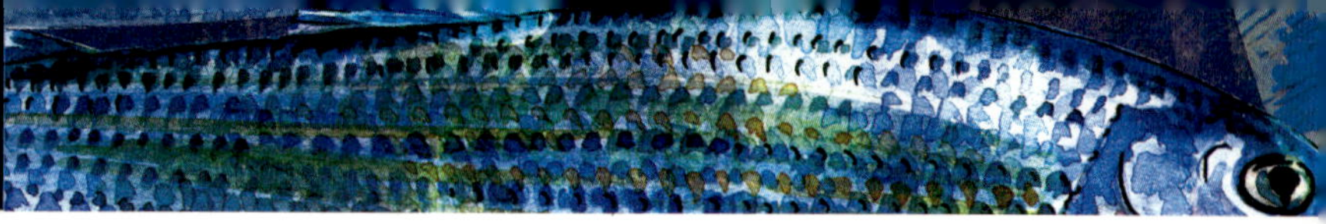

**AMPHIHALINE :** qualifie une espèce qui peut passer de l'eau douce à la mer et réciproquement.

**ANADROME :** migrateur qui remonte de la mer pour frayer en rivière, comme le saumon.

**AUTOTOMIE :** capacité de certains lézards de rompre leur queue en cas de danger.

**BASSIN VERSANT :** ensemble géographique délimité par la ligne de crêtes et recueillant les précipitations alimentant un cours d'eau.

**BATILLAGE :** battement de l'eau sur la rive formé par le déplacement d'une embarcation ou par le vent.

**BÉCARD :** mâle âgé de salmonidés à pointe de la mâchoire inférieure recourbée vers le haut.

**BEINE :** zone de faible profondeur constituée d'alluvions, en périphérie de la cuvette lacustre.

**BENTHIQUE :** qualifie les organismes vivant sur le fond (benthos).

**BIODERME :** couverture biologique des fonds pierreux.

**BRANCHIOSPINES :** fines aiguilles fixées sur le bord interne des arcs branchiaux de certains poissons.

**CATÉGORIES PISCICOLES :** linéaires de cours d'eau soumis à la réglementation d'ouverture et de fermeture de la pêche. Les cours d'eau à truite sont en première catégorie, les autres en deuxième catégorie.

**CÉMENTAIRES :** qualifie des glandes de la tête de l'alevin produisant un ciment.

**CHEVELU :** ensemble des ruisselets et ruisseaux des zones amont d'un réseau hydrographique.

**CHIRONOMIDÉS :** famille de diptères dont certaines espèces à larves rouges, dites « vers de vase », forment le fouillis très prisé des pêcheurs au coup.

**CTÉNOÏDE :** comme l'écaille des percidés, garnie de petites pointes sur le bord postérieur.

**CYCLOÏDE :** écaille sans pointes.

**DÉMERSAUX :** se dit d'œufs pondus en pleine eau et originellement flottants.

**ÉCLUSÉE :** volume d'eau débité entre l'ouverture et la fermeture d'une vanne d'une usine hydroélectrique.

**ÉCOPHASE :** stade du développement d'un individu adapté au milieu dans lequel il se déroule.

**ÉCOTYPE :** groupe d'individus qui acquièrent de nouveaux caractères morphologiques et physiologiques en changeant d'habitat, sans perdre leurs caractères génétiques.

**ENTOMOSTRACÉS :** petits crustacés entrant dans la composition du plancton animal.

**EXSURGENCE :** se dit d'une source jaillissant du calcaire.

**FLUVIO-GLACIAIRE :** se dit d'éléments pierreux transportés jadis par les glaciers et remaniés par les cours d'eau.

**GOT :** terme du Jura suisse désignant une mouille profonde.

**GOULE :** passage étroit de la rivière entre deux parois rocheuses.

**GOYA :** mare de la haute chaîne du Jura (F-Ain).

**HABITUS :** apparence générale, manière d'être habituelle du corps.

**HÉLOPHYTES :** végétaux rivulaires enracinés dans le substrat, à tige dressée hors de l'eau.

**HÉPATIQUES À THALLE :** plantes voisines des mousses, en lames verdâtres adhérant aux supports rocheux humides, fréquentes vers les sources issues du calcaire.

**HYDROSYSTÈME :** rivière ou lac élargi à ses composantes latérales ou périphériques.

**LEPTOSPIROSE :** infection due au protozoaire leptospire transmis dans l'eau par les rats.

**MARNAGE :** variations artificielles du niveau de l'eau liées à la gestion des plans d'eau.

**MÉGAPHORBIAIE :** prairie humide à hautes herbes.

**MÉLANISME :** coloration noire très intense atypique et d'origines diverses.

**MOLLASSIQUE :** qualifie la mollasse, un grès tendre, mêlé de quartz et d'argile.

**MORTE (OU NOUE) :** ancien méandre et bras d'eau calme plus ou moins étroitement connecté au chenal.

**MOUILLE :** zone profonde d'un cours d'eau.

**MURGER :** tas de pierres issu de l'épierrement ancien du sol avant culture.

**NASSIS :** concrétions tufeuses barrant le lit d'un cours d'eau et colonisées par les mousses.

**OVIPARE :** qui pond des œufs.

**OVOVIVIPARE :** qui pond des œufs dont l'éclosion est (quasi) immédiate.

**PÉLAGIQUE :** qualifie la zone la plus profonde des plans d'eau.

**PISIDIES :** petits mollusques bivalves des sédiments.

**PLATIS :** tronçons de rivière à écoulement régulier et de faible profondeur.

**PLIOCÈNE :** étage géologique supérieur de l'ère tertiaire.

**POÏKILOTHERME :** animal sans régulation efficace de la température interne.

**PORTLANDIEN :** avant-dernier étage géologique du Jurassique supérieur (ère secondaire) dont les roches forment le Jura blanc, entaillé par de nombreuses rivières.

**POTAMIQUE :** du fleuve.

**RÉSURGENCE :** se dit d'une eau qui surgit hors du calcaire après avoir déjà circulé sous forme de cours d'eau de surface.

**RETOURNE :** zone de remous où le courant s'inverse.

**REVIVISCENCE (OU REVIVESCENCE) :** faculté à reprendre vie au retour de l'eau.

**SYMPATRIE :** se dit d'espèces vivant dans le même milieu.

**THALASSOTOQUE :** qui vient de la rivière pour se reproduire en mer.

**TÊTE DE BASSIN :** ensemble géographique amont d'un réseau hydrographique, abritant les sources, les ruisselets, les ruisseaux et l'amont des plus petites rivières.

**TOURADON :** éminence en motte terreuse formée par les carex au pourtour amphibie des plans d'eau.

**TRAÎNE-BÛCHE (OU PORTEFAIX) :** grosse larve de trichoptère se déplaçant sur le fond en traînant son fourreau.

**TRICHOPTÈRES :** ordre d'insectes à larve aquatique libre ou vivant dans un fourreau.

**VERMICULÉ :** orné d'un semis de petites taches sinueuses.

**VIVIPARE :** qui donne naissance à des jeunes entièrement formés.

**ZONE À TRUITE, À OMBRE, À BARBEAU ET À BRÈME :** appartenances de secteur de cours d'eau (de l'amont à l'aval) à une zone repérable par la présence d'une espèce dominante.

# Index des noms français

Les noms en gras renvoient à la monographie de l'espèce. Les autres noms sont ceux d'espèces citées dans le chapitre « Autres espèces ».
En italique, les synonymies françaises courantes.

# Index des noms latins

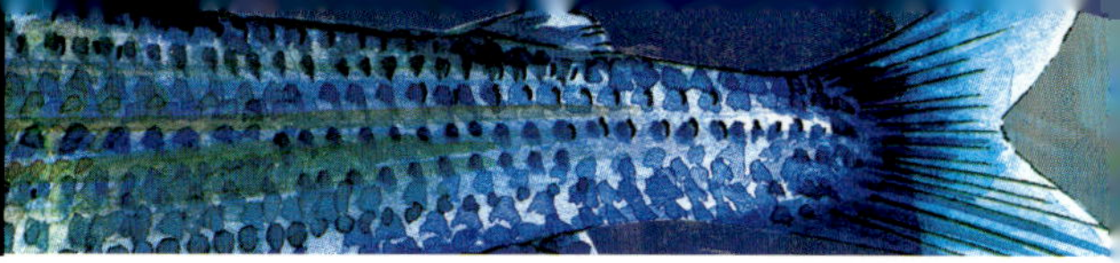

Les noms en gras renvoient à la monographie de l'espèce.
Les autres noms sont ceux d'espèces citées dans le texte.
En italique, les synonymies latines courantes.

© D. Pépin

Lézard des murailles

## POISSONS


### Ouvrages généraux et guides d'identification

ALLARDI J. et KEITH P., *Patrimoines naturels,* t. 4 *: Atlas préliminaire des poissons d'eau douce de France,* MNHN, Secrétariat de la Faune, Paris, 1991, 232 p.

BRUSLÉ J. et QUIGNARD J.-P., *Biologie des poissons d'eau douce européens,* Tec et Doc., Paris, 2001, 625 p.

DOTTRENS E., *Les Poissons d'eau douce,* t. 1 *: Des lamproies aux salmonidés,* t. 2 *: Des siluridés aux cyprinidés,* Delachaux et Niestlé, Neuchâtel, 1951, 403 p.

KEITH P., ALLARDI J. et MOUTOU B., *Patrimoines naturels,* t. 10 *: Livre rouge des espèces menacées de poissons d'eau douce de France et bilan des introductions,* MNHD, Secrétariat de la Faune, Paris, 1992, 111 p.

KREITMANN L., *Quel poisson ai-je pêché ? Détermination simplifiée des poissons d'eau douce et des écrevisses de France,* Doin, Paris, 1942, 167 p.

MUUS B. J. et DAHLSTRÖM P., *Guide des poissons d'eau douce et pêche,* Delachaux et Niestlé, Neuchâtel, 1981, 247 p.

SPILLMANN C., *Faune de France,* t. 65 *: Poissons d'eau douce,* Paul Lechevalier, Paris, 1961, 303 p.

ZAUG B., STUCKI P., PÉDROLI J.-C. et KIRCHHOFER A., *Fauna Helvetica,* t. 7 *: Pisces, Atlas,* Olivier Attinger, Chaumont, 2003, 231 p.

### Ouvrages régionaux et études

CAMPY M., *Le Quaternaire franc-comtois. Essai chronologique et paléoclimatique,* thèse de sciences, université de Franche-Comté, n° 159, 1982, 575 p.

HÉROLD J.-P., *Les Poissons : le point sur les espèces disparues et nouvelles au cours des XIXe et XXe siècles en Franche-Comté,* t. 87, Bulletin de la Société d'histoire naturelle du Doubs, 1996-1998, 10 p.

LEMOINE H., *Le Val de Morteau et ses environs, de sa naissance à la Révolution,* Jacques et Demontrond, Besançon, 1972, 191 p.

MICHEL E., *Némorin des loutres,* Bobillier, Morteau, 1985, 152 p.

MITTLER M., *Notre Jura,* Éditions 24 Heures, Lausanne, 1987, 224 p.

CONSEIL RÉGIONAL DE FRANCHE-COMTÉ, *Ressources piscicoles en Franche-Comté,* Données 1993-1994, 10 p., 1 carte.

VERNEAUX J., *Cours d'eau de Franche-Comté (massif du Jura). Recherches écologiques sur le réseau hydrographique du Doubs, essai de biotypologie,* thèse de sciences, université de Franche-Comté, 1973, 261 p.

## AMPHIBIENS ET REPTILES


### Ouvrages généraux et guides d'identification

Acemav coll., Duguet R. et Melki F., *Les Amphibiens de France, Belgique et Luxembourg,* coll. « Parthénope », Biotope, Mèze, 2003, 480 p.

Fretey J., *Guide des reptiles de France,* Hatier, Paris, 1987, 254 p.

### Atlas de répartition

Collectif, *Atlas de répartition des amphibiens et reptiles de France,* Société herpétologique de France, Paris, 1989, 191 p.

Collectif, *Reptiles et amphibiens de Rhône-Alpes,* atlas préliminaire, CORA, Lyon, 2002, 146 p.

Grossenbacher K., *Atlas de distribution des amphibiens de Suisse,* Ligue suisse pour la protection de la nature et Centre suisse de cartographie de la faune, 1988, 208 p.

Hofer U., Monney J.-C., Dusej G. *et al., Les Reptiles de Suisse. Répartition, habitats, protection,* Karch et CSCF, Birkhäuser, 2001, 202 p.

Pinston H., Craney E., Pépin D., Montadert M. et Duquet M., *Amphibiens et reptiles de Franche-Comté. Atlas commenté de répartition,* Groupe naturaliste de Franche-Comté, Besançon, 2000, 116 p.

### Ouvrages régionaux et études

Craney E., Duquet M. et Pinston H., *Le Haut-Jura. Amphibiens et reptiles,* Parc naturel régional du Haut-Jura, 1990, 75 p.

Craney E. et Pinston H., *Premier Inventaire herpétologique de la réserve naturelle de la Haute-Chaîne du Jura (département de l'Ain). Localisation, éléments d'écologie, enjeux de conservation,* étude réalisée pour GERNAJURA, 1997, 43 p.


© D. Pépin

Jeune couleuvre d'Esculape

## POISSONS

DIRECTION RÉGIONALE DE L'ENVIRONNEMENT DE FRANCHE-COMTÉ
5, rue Sarrail
BP 137
F-25014 Besançon cedex
Tél. : 03 81 55 03 30
Zone géographique concernée : région de Franche-Comté

---

BUWAL (Office fédéral de l'environnement des forêts et du paysage - Section pêche et faune aquatique)
Papiermühlestrasse, 172
CH-3063 Ittigen, 3003 Bern
Tél. : 031 322 93 77
Zone géographique concernée : Suisse

---

DIRECTION DÉPARTEMENTALE DE L'AGRICULTURE ET DE LA FORÊT DU DOUBS (police de la pêche)
1, place Jean-Cornet
F-25030 Besançon cedex
Tél. : 03 81 65 66 00
Zone géographique : département du Doubs

---

DIRECTION DÉPARTEMENTALE DE L'AGRICULTURE ET DE LA FORÊT DU JURA (police de la pêche)
Avenue du 44e-Régiment-d'Infanterie
BP 396
F-39016 Lons-le-Saunier cedex
Tél. : 03 84 43 40 00
Zone géographique concernée : département du Jura

---

DIRECTION DÉPARTEMENTALE DE L'AGRICULTURE ET DE LA FORÊT DE L'AIN (police de la pêche)
4, boulevard Voltaire
F-01000 Bourg-en-Bresse
Tél. : 04 74 32 39 99
Zone géographique concernée : département de l'Ain

---

FISCHEREI-INSPEKTORAT DES KANTONS BERN
Herengasse, 22
CH-3011 Bern
Tél. : 031 633 46 48
Zone géographique concernée : canton de Berne

VETERINAR-, JAGD- UND FISCHEREIWESEN
Rufsteinweg, 4
CH-4410 Liestal
Tél. : 061 925 62 82
Zone géographique concernée : canton de Bâle

---

SERVICE DES FORÊTS ET DE LA FAUNE
Case postale 155
CH-1762 Givisiez
Tél. : 026 305 23 44
Zone géographique concernée : canton de Genève

---

OFFICE DES EAUX ET DE LA PROTECTION DE LA NATURE (secteur faune, nature, paysage)
Les Champs Fallat
CH-2882 Saint-Ursanne
Tél. : 032 461 48 00
Zone géographique concernée : canton du Jura

---

SERVICE CANTONAL DE LA FAUNE
(canton de Neuchâtel)
Rue du Château, 16
CH-2001 Neuchâtel
Tél. : 032 889 67 70
Zone géographique concernée : canton de Neuchâtel

---

JAGD- UND FISCHEREIVORSTEHER
Barfüssergrasse, 14
CH-4509 Solothurn
Tél. : 032 627 23 46
Zone géographique concernée : canton de Soleure

---

INSPECTION DE LA PÊCHE
Chemin du Marquisat, 1
CH-1025 Saint-Sulpice
Tél. : 021 694 82 30
Zone géographique concernée : canton de Vaud

## AMPHIBIENS ET REPTILES

SOCIÉTÉ HERPÉTOLOGIQUE DE FRANCE (S.H.F.)
université Paris-VII
Laboratoire d'anatomie comparée
2, place Jussieu
F-75251 Paris cedex 05
Site internet :
www.societeherpetologiquedefrance.asso.fr
Zone géographique concernée : toute la France

---

KARCH (Centre de coordination pour la protection des amphibiens et des reptiles de Suisse)
Bernastrasse 15
CH-3005 Bern
Tél. : 031 350 74 55
Fax : 031 350 74 99 (indiquer KARCH)
Site internet : www.karch.ch
Zone géographique concernée : Suisse

---

GROUPE NATURALISTE DE FRANCHE-COMTÉ (G.N.F.C.) / RÉSEAU D'OBSERVATION DE LA FAUNE VERTÉBRÉE EN FRANCHE-COMTÉ
Maison régionale de l'environnement
15, rue de l'Industrie
F-25000 Besançon
Tél. : 03 81 50 43 10
Fax : 03 81 61 66 21
Courriel : gnfc@wanadoo.fr
Zone géographique concernée : région de Franche-Comté

---

CENTRE ORNITHOLOGIQUE RHÔNE-ALPES
Maison régionale de l'environnement
32, rue Sainte-Hélène
F-69002 Lyon
Tél. : 04 72 77 19 84
Fax : 04 72 77 19 83
Courriel : region@cora-asso.com
Site internet : www.cora-asso.com
Zone géographique concernée : région de Rhône-Alpes

FÉDÉRATION RHÔNE-ALPES DE PROTECTION DE LA NATURE (F.R.A.P.N.A.) - AIN
11, avenue Maginot
F-01000 Bourg-en-Bresse
Tél. : 04 74 21 38 79
Zone géographique concernée : département de l'Ain

---

MAISON DE LA RÉSERVE NATURELLE DU LAC DE REMORAY
28, rue de Mouthe
F-25160 Labergement-Sainte-Marie
Tél. : 03 81 69 35 99
Courriel : info@maisondelareserve.fr
Site internet : www.maisondelareserve.fr
Zone géographique concernée : massif du Jura

---

PARC NATUREL RÉGIONAL DU HAUT-JURA
Au Village
F-39310 Lajoux
Tél. : 03 84 34 12 30
Fax : 03 84 41 24 01
Site internet : www.parc-haut-jura.fr
Zone géographique concernée : haut Jura (partie des départements du Jura, du Doubs et de l'Ain)

---

PRO NATURA
Dornacherstrasse, 192
CH-4053 Bâle
Tél. : 061 317 91 91
Site internet : www.pronatura.ch
Zone géographique concernée : Suisse

---

W.W.F. SUISSE
Holstrasse, 110
Case postale
CH-8010 Zürich
Site internet : www.wwf.ch
Zone géographique concernée : Suisse

## Des initiatives pour l'environnement

Les Centres permanents d'initiatives pour l'environnement de Franche-Comté sont des associations au service de l'environnement. Sensibles aux multiples évolutions qui caractérisent notre époque, ils contribuent à créer des comportements respectueux de notre cadre de vie, à travers la sensibilisation, la recherche et le développement de projets locaux. Médiateurs et assembleurs de compétences, les CPIE travaillent en partenariat avec l'ensemble des acteurs publics, privés et associatifs de leur territoire.
Les CPIE de Franche-Comté se sont rassemblés autour du concept d'initiatives et ont constitué l'Union régionale des CPIE de Franche-Comté.

- Un réseau régional de quatre associations :

— le CPIE du Haut-Doubs, 25, rue de la Gare, 25560 Frasne • Tél. 03 81 49 82 99
Fax 03 81 89 70 52 • cpie.haut.doubs@freesbee.fr • www.educ-envir.org/cpie.htdoubs
— le CPIE du Haut-Jura, 1, Grande-Rue, 39170 Saint-Lupicin • Tél. 03 84 42 85 96
Fax 03 84 42 11 01 • cpie.hautjura@free.fr
— le CPIE de la Bresse du Jura, Maison de la nature, 39140 Arlay •
Tél. 03 84 85 12 75 Fax 03 84 85 12 76 • cpie.bresse.jura@free.fr • www.cpie-bresse-jura.org
— le CPIE de la vallée de l'Ognon, Maison de la nature, 70150 Brussey • Tél. 03 84 31 75 49
Fax 03 84 31 92 23 • maison.nature.brussey.cpie@wanadoo.fr • www.cpie-brussey.com

- Un label « CPIE » national qui garantit des actions de qualité et une démarche pertinente.
- Une approche globale :

— animation scolaire, centres de vacances
— animation touristique, sensibilisation du grand public
— formation professionnelle (éco-interprète, BEATEP) et continue (Éducation nationale, centres d'accueil...)
— animation de réseaux
— conception et réalisation d'outils pédagogiques
— édition (livres, vidéos, compact-disques, jeux...)
— interprétation et valorisation de sites
— muséographie permanente et itinérante
— étude, conseil, expertise de l'environnement.

L'URCPIE a édité trois autres collections :
« Paysages de Franche-Comté » (sept ouvrages)
« Moyenne montagne, vivre en relief » (onze ouvrages sur supports différents)
« Mots d'antan » (trois ouvrages).

*Déjà parus dans cette collection : La Flore de la montagne jurassienne, Éd. Néo-Typo, juillet 2000 ; Les Champignons de la montagne jurassienne, Éd. Néo-Typo, juin 2002 ; Les Oiseaux de la montagne jurassienne, Éd. Néo-Typo, novembre 2003 ; Les Mammifères de la montagne jurassienne, Éd. Néo-Typo, juillet 2005.*